动物布鲁氏菌病防治技术实用手册

闫小芹　杨佳冰　张玉玲　主编

黄河出版传媒集团
阳　光　出　版　社

图书在版编目(CIP)数据

动物布鲁氏菌病防治技术实用手册 / 闫小芹, 杨佳冰, 张玉玲主编. -- 银川 : 阳光出版社, 2024.6.
ISBN 978-7-5525-7383-1

Ⅰ.S855.1-62

中国国家版本馆 CIP 数据核字第 20242XE775 号

动物布鲁氏菌病防治技术实用手册 闫小芹 杨佳冰 张玉玲 主编

责任编辑 申 佳
封面设计 赵 倩
责任印制 岳建宁

黄河出版传媒集团
阳光出版社 出版发行

出版人 薛文斌
地 址 宁夏银川市北京东路 139 号出版大厦(750001)
网 址 http://www.ygchbs.com
网上书店 http://shop129132959.taobao.com
电子信箱 yangguangchubanshe@163.com
邮购电话 0951-5047283
经 销 全国新华书店
印刷装订 三河市嵩川印刷有限公司
印刷委托书号 (宁)0030331

开 本 720 mm × 980 mm 1/16
印 张 16.75
字 数 240 千字
版 次 2024 年 6 月第 1 版
印 次 2024 年 6 月第 1 次印刷
书 号 ISBN 978-7-5525-7383-1
定 价 88.00 元

目　录

CONTENTS

附录

第一章　布鲁氏菌病理论篇

第一节　概述

布鲁氏菌病（Brucellosis，简称布病），是由布鲁氏菌属细菌引起人与动物共患的一种世界范围广泛流行的重要自然疫源性人畜共患传染病。动物是长期带菌者，除相互传染外，还能传染给人，一年四季都有发生。陆地或海洋中的所有哺乳动物均容易受到感染，牛、羊、猪等家畜和野生动物最易感。世界动物卫生组织（WOAH）将该病列为必须报告的动物疫病，我国 2022 年修订的《一、二、三类动物疫病病种名录》将该病列为二类动物疫病，同时该病也是《中华人民共和国传染病防治法》规定的 35 种法定传染病中的乙类传染病、《中华人民共和国职业病防治法》中规定的细菌性职业病之一。

一、布鲁氏菌病流行史

（一）全球分布及流行形势

布鲁氏菌首次由美国医师 David Bruce 在 1887 年从英国士兵脾脏中分离，即羊布鲁氏菌。布鲁氏菌病发病率高、致死率低，几乎遍及世界各地，除了少数发达国家宣布已经根除牛种布鲁氏菌病外，在世界 200 多个国家中，170 多个国家都有不同程度的流行，分布于世界各大洲。但主要流行于亚洲、非洲、拉丁美洲、欧洲部分地区和国家，北美、澳大利亚等亦有病例报道。其中亚洲的流行情况最为严重，发病率最高，叙利亚、蒙古、吉尔吉斯斯坦、伊朗、土耳其等国每年有大量病例报告。非洲、地中海沿岸和中东地区流行情况也比较严重，如中东地区人间布鲁氏菌病高发，其流行范围广、发病率高并且长年流行，已成为地方流行病。欧洲、北美人间布鲁氏菌病病例报告相对较少。

目前，牛种布鲁氏菌病遍布世界各地；羊种布鲁氏菌病主要分布在西亚和北非及南美洲国家，非洲南部有零星散发；猪种布鲁氏菌病几乎遍布全球；绵羊附睾种布鲁氏菌病主要分布在澳大利亚、新西兰等国家。

（二）我国分布及流行形势

早在 708 年，我国已有布鲁氏菌病流行的记载。著名藏医宇妥、云登贡布编著的《明额达论》描述了"仲波病"。内蒙古、新疆和山东等地将布鲁氏菌病称为"流产病""羊翻病""千日病"和"懒汉病"等。

1905 年，Boone 首先在重庆报道 2 例布鲁氏菌病患者。1916 年，在福建发现 1 例马耳他热患者。1922 年，在内蒙古出现人间布病流行。1925 年，在河南有 4 名印度侨民感染此病，并从血液中分离到羊种布鲁氏菌。1932—1949 年，谢少文在北京地区报告了 29 例布鲁氏菌病。1936 年，在内蒙古王爷庙押木营子的 109 头母牛中有 21 头出现流产，流产率为 19.2%，从牛流产胎儿中分离到 2 株牛种布鲁氏菌。同年，日本人北野正次等在吉林省对羊进行了调查，发现感染率高达 33%。

1952 年，在广西桂林，从英国（现我国香港）进口的 4 头盘克猪患有布鲁氏菌病，引起流产、死胎，并分离到猪种布鲁氏菌。

1983 年，尚德秋等在上海从 1 只进口的 Beagle 狗和 1 只中国草狗中分离到犬种布鲁氏菌，表明在我国有犬种布鲁氏菌病存在，并被以后的流行病学调查所证实。

我国布鲁氏菌病疫情在 20 世纪 50—70 年代为高发期，动物布鲁氏菌病阳性检出率高达 41.27%，疫情严重。布鲁氏菌病的发生流行与牛羊养殖量具有非常密切的正相关性，我国布鲁氏菌病疫情主要分布在牛羊养殖业发达的北方地区。80—90 年代为基本控制期，疫情得到较好控制。1999—2000 年，布鲁氏菌病疫点和发病数趋于稳定。但随着畜牧业的发展及牛羊饲养量的急剧增加，动物布鲁氏菌病也呈上升趋势。特别是在 2000 年后，随着牛羊养殖量的不断增加，无论是畜间还是人间，布鲁氏菌病疫情均呈现显著回升态势。布鲁氏菌病畜间阳性检出率从 2000 年 0.11%上升到 2004 年的 0.63%。2009 年，畜间布鲁氏菌病发病数比 2008 年又增加了 49.12%。2015 年，全国报告畜间布鲁氏菌病流行严重地区的 15 个省份，监测阳性率同比上升 0.38%。2017 年，农业部兽医局布鲁氏菌病监测与流行病学调查结果显示，全国一类地区牛、羊布鲁氏菌病个体阳性率分别达到 9.32%、1.85%，群体阳性率分别为 40.68%、24.05%。近年来，国家卫健部门统计，全国人间布病发病数量呈逐年显著上升趋势，畜间发病趋势与人间发病趋势呈正相关，畜间布鲁氏菌病发病数增多，人间布鲁氏菌病发病数也随之增多。

在我国，布病主要分布在内蒙古、河北、山西、辽宁、吉林、黑龙江、山东、河南、陕西、甘肃、青海、宁夏、新疆等北方牛、羊养殖大省区，其中内蒙古自治区畜间布病流行率最高。根据畜间和人间布病流行情况，农业农村部将北方 15 个省区和新疆生产建设兵团列为防控一类区。

近年来，我国布病疫情与 20 世纪 90 年代疫情基本控制期相比有以下特点：疫情持续快速上升，疫情波及范围较大，新发疫区逐年增多，老疫区死灰复燃，新疫区范围不断扩大，大规模暴发流行逐渐减少，小规模、分散、多点流行较常见，典型病例增多。这些为防治工作带来较大困难。

（三）优势菌种的变化

20 世纪 80 年代以前是我国布鲁氏菌病流行较严重时期，从人、畜中分离到的羊种布鲁氏菌为 60%~70%、牛种布鲁氏菌为 20%~25%、猪种布鲁氏菌不足 10%。20 世纪 80 年代以后，我国布鲁氏菌病疫情处于低发阶段。在此期间，从人、畜间分离到的羊种布鲁氏菌仅为 30%、牛种布鲁氏菌为 40%以上、猪种布鲁氏菌为 20%，其余为犬种和绵羊种布鲁氏菌。20 世纪 90 年代，在从人、畜中分离到的 220 株布鲁氏菌中，羊种布鲁氏菌为 79.1%、牛种布鲁氏菌为 12.2%、猪种布鲁氏菌为 0.45%、犬种布鲁氏菌为 2.27%、未定种型菌为 2.27%。这提示羊种布鲁氏菌已成为我国布鲁氏菌病流行的优势菌种。

二、布鲁氏菌病危害及防控形势

(一) 危害

布鲁氏菌是一种细胞内寄生的病原菌，对人和哺乳动物具有高度感染性和致病性。布病的主要传染源是患病的家畜，病畜可通过各种途径向外排菌，引起人、畜间布病的发生和流行。只要有病畜存在，人、畜遭受布病的威胁就不能被排除。临床上，动物以流产、不孕、空怀、胎衣不下、睾丸炎、附睾炎、关节炎等为特征，繁殖成活率降低，致使牲畜头数明显减少。人感染表现为长期发热、多汗、生殖系统疾病、关节痛、肝脾肿大，以及肌肉–骨骼系统和中枢神经系统的严重并发症等，病人常因误诊、误治而转为慢性，反复发作长期不愈，严重危害人民群众身体健康和畜牧业健康发展。布病是目前我国重点防控的人畜共患传染病之一。布病的防治工作事关畜牧业高质量发展和人民群众身体健康，事关公共卫生安全和国家生物安全，是贯彻落实乡村振兴战略的重要内容，是政府社会管理和公共卫生管理服务的重要职责。

(二) 防控形势

近年来，随着我国家畜饲养量的增加，动物及其产品流通频繁，部分地区布病呈持续上升态势，全国 31 个省、市、自治区（不含港、澳、台）均有人、畜间病例报告。2013—2021 年，全国羊布病个体阳性率由 14.6%上升到 51%，牛布病个体阳性率由 22%上升到 34.9%。布病防控形势非常严峻，已严重危害人民群众身体健康和公共卫生安全，严重影响现代畜牧业高质量发展，防控任务十分艰巨。

1. 布鲁氏菌病防控难题

(1) 动物交易频繁，数量大，疫情扩散途径多。

(2) 缺少快检技术，市场检疫不能有效阻断疫病传播。

（3）流行病学家底不清，防控计划缺乏针对性。

（4）补偿额度过低，群众不能主动报告疫情和淘汰病畜。

（5）养殖者重视程度不够，防疫主体责任落实不到位。

2. 布鲁氏菌病的复杂性

（1）感染多种动物：羊、牛、驼、猪、马属动物、野生动物和人等。人普遍易感。

（2）布鲁氏菌种类多。各种菌可交叉感染多种动物。

（3）感染途径多。可通过消化道、呼吸道、皮肤、黏膜、交配、胎盘传播。

（4）布鲁氏菌抵抗力强。在外界存活时间长，可在肉、乳、污染的水、粪便、土壤中存活较长时间。

（5）阴性感染比例高，多数只发生 1~2 次流产，之后不表现明显症状，容易被忽视。

3. 目前布鲁氏菌病再次流行的原因

（1）动物流动性增强。

（2）动物移动检疫制度执行力度不够。

（3）动物疫情监测点多面广。

（4）动物发病后扑杀措施不到位。

4. 目前亟待解决的问题

（1）建立区别于屠宰检疫的动物移动检疫制度。

在我国的不同省份或地区间建立与国境口岸一样的动物检疫制度，规定在跨地区运输动物时不同动物应该检疫的各种疾病名录、检疫方法，确定具备检疫资质、能够出具检疫证明的实验室，在动物移动时，由具有资质的实验室进行检疫，合格方能进行跨地区移动。

（2）注重流行病学的调查和研究工作，加强疫情监测。

（3）尽快改善我国现行的布鲁氏菌病检测方法，应用敏感性高、特异性强的检测方法检测布鲁氏菌病。

（4）加强屠宰场管理，规定不能进入屠宰场的动物，如布鲁氏菌病、结核病、狂犬病等人畜共患病的病畜、阳性畜。这些动物应回收并做无害化处理。

第二节　病原学

一、分类

按照《伯吉氏系统细菌学手册》第二版第二册（2005 年），布鲁氏菌分类地位归属于 α 变形杆菌纲、根瘤菌目（Rhizobiales）、布鲁氏菌科（Brucellaceae）、布鲁氏菌属（Brucella）。

根据布鲁氏菌单基因的多样性，将布鲁氏菌属分为 9 个生物种、22 个生物型，即马耳他布鲁氏菌（羊种布鲁氏菌 B.melltensis，含 3 个生物型）、流产布鲁氏菌（牛种布鲁氏菌 B.abortus，含 8 个生物型）、猪种布鲁氏菌（B.Suis，含 5 个生物型）、绵羊附睾种布鲁氏菌（B.ovis）、沙林鼠种布鲁氏菌（B.neotormae）、犬种布鲁氏菌（B.canis）、鲸种布鲁氏菌（B.ceti）、鳍足种布鲁氏菌（B.pinipedialis）和田鼠种布鲁氏菌（B.microti）。其中我国已分离出 15 个生物型，分别为羊种布鲁氏菌的 3 个型、牛种布鲁氏菌的 8 个型、猪种布鲁氏菌的 2 个型、绵羊附睾种布鲁氏菌 1 个型和犬种布鲁氏菌 1 个型。

临床上，以羊种、牛种、猪种 3 种布鲁氏菌的意义最大。羊种布鲁氏菌的致病力最强。牛种布鲁氏菌、羊种布鲁氏菌和猪种布鲁氏菌对人均有很强的致病性，且大约 80%的感染由羊型布鲁氏菌引起，细菌死亡或裂解后释放内毒素是致病的重要物质。与人类有关的传染源主要是羊、牛及猪，其次是犬。人传人的实例很少见。人间发病的致病菌主要是羊种菌，传染源主要是病羊，羊种布鲁氏菌一般是强毒菌，所以必须在有相应的生物安全控制条件下处理所有感染组织、培养物和可能污染的材料。

二、形态学基本特征与培养特性

（一）形态与染色

布鲁氏菌是一种细胞内寄生的革兰氏阴性菌，为长 0.6~1.5 μm、宽 0.5~0.7 μm 的细小、两端钝圆的球杆菌或短杆菌。菌体多呈散在状态，很少成对或成团。无鞭毛，无质粒，不形成芽孢。初次分离培养时，菌体多呈小球杆状和卵圆形，毒力菌株有微荚膜。布鲁氏菌形态稳定，但在老龄培养物中有多晶体形态存在。布鲁氏菌是革兰氏阴性菌，柯兹洛夫斯基氏染色法染色，菌体呈红色，其他菌呈微绿色或蓝色。姬姆萨染色呈紫色。

（二）培养及生化特性

布鲁氏菌是需氧菌或微氧菌。在 pH 6.8~7.2 的肝或土豆培养基上生长良好，生长适宜温度为 35~37 ℃。布鲁氏菌生长缓慢，尤其从病人、病畜体中初次分离者生长更为缓慢，通常 5~7 d，有时需 20~30 d，实验室保存菌株一般经 24~72 h 才生长丰富。布鲁氏菌对营养要求高，目前实验室多用牛、羊新鲜胎盘加 10%兔血清制作培养基，效果较好。可用布鲁氏菌基础培养基、胰化酪蛋白大豆胨琼脂（TSA）作为基础培养基，也可加入多黏菌素 B、杆菌肽、游霉素、萘啶酸、制霉菌素、万古霉素等作为选择培养基。但即使在良好培养条件下，该菌生长仍较缓慢。在不良环境，如抗生素的影响下，易发生变异。牛种布鲁氏菌的某些生物型，最初数代培养物须在 5%~10% CO_2 环境中才能生长，对营养要求高，需硫胺素、烟草酸和生物素、泛酸钙等营养物质，传代培养菌体呈杆状，羊种菌和猪种菌则无此需求。

布鲁氏菌属的细菌不液化明胶，不产生靛基质，不凝固牛乳，不发乳糖，不使葡萄糖产酸。甲基红试验和 VP 试验阴性。在血液琼脂平板培养基上不溶血。有些种型的布鲁氏菌株能使硝酸盐还原成亚硝酸盐，有些种型的菌株产生H_2S。

布鲁氏菌分光滑型（S 型）和粗糙型（R 型）2 种，区别在于布鲁氏菌的脂多糖(LPS) 分子结构中是否存在 O–多聚糖，具有 O–多聚糖的为光滑型，其下面覆盖着大量与毒力相关的抗原，如外膜蛋白（OMP）；粗糙型布鲁氏菌的OMP暴露在外膜表面。除绵羊附睾种、犬种和猪种第5生物型以稳定的粗糙型菌存在于自然界外，其余种均为光滑型菌。当布鲁氏菌壁的脂多糖受损时，菌落即由光滑型变为粗糙型。由于粗糙型布鲁氏菌表面缺乏光滑型菌的脂多糖，光滑型布鲁氏菌毒力明显高于粗糙型布鲁氏菌。

布鲁氏菌的菌落为无色半透明、表面光滑的圆形菌落。中央稍突起，均质，直径约2 mm。在肉汤等液体培基中生长成均匀混浊状，不形成菌膜。但在陈旧的培养物中，有时在管壁上，可见稍高出液面的环状生长。

（三）抗原型

布鲁氏菌有A、M、G 3种抗原成分，共同抗原为G，且与30多种微生物有共同抗原，存在不同血清交叉反应。A对牛种生物型1有特异性，M对羊种生物型1有特异性。羊种生物型1含表面抗原M成分多于A，牛种生物型1含表面抗原成分A多于M，猪种生物型1含表面抗原成分A多于M约1倍。

已证明，布鲁氏菌抗原与伤寒菌、副伤寒菌、霍乱菌、土拉伦菌、炭疽杆菌、耶氏菌09型、马鼻疽杆菌、结核杆菌、绿脓杆菌、变形杆菌OX_{19}及Q热立克次体等抗原有某些共同成分。由布鲁氏菌提取的某些水溶性扩抗原，与其他菌属间并无交叉反应，但所提取的脂多糖与小肠结肠炎耶氏菌09型的脂多糖有共同抗原，在补体结合试验及Coomb's试验时出现交叉反应。

（四）变异性

布鲁氏菌具有易变的特点。

1. S→R变异

布鲁氏菌在不利的生长外环境中，如不利的pH和温度、紫外线照射、噬菌体、抗生素作用等，以及培养基中加入免疫血清和在人工培养基上长期传代等各种理化因素，都可引起布鲁氏菌由S型变成R型。R型的菌落形态、抗原结构、代谢类型、化学成分、毒力和免疫原性等都随之发生改变。在由S型菌变成R型菌的过程中，由于细胞透过性及菌体胞浆的胶体性质发生改变，因而在生理盐水及正常血清中发生自家凝集。

2. L 型布鲁氏菌的形成

布鲁氏菌在人工培养基中加入某些诱变剂，如青霉素、甘氨酸等物质，可以抑制布鲁氏菌在生长过程中合成细胞壁的能力，从而形成 L 型布鲁氏菌。

L 型布鲁氏菌不仅因缺乏细胞壁而发生形态改变，而且提高了对抗生素的耐受性，降低了免疫原性、致敏性和凝集原性。有人从病牛和慢性布鲁氏菌病患者中分离到类似 L 型的布鲁氏菌。虽然目前对形成 L 型布鲁氏菌的生物学原因尚不清楚，但形成 L 型菌可能与布鲁氏菌长期寄生于体内导致潜伏感染和疾病复发有关。

（五）致病性

布鲁氏菌属中各生物型不同，毒力亦有差异。B.neotomae 菌对人、畜基本无致病作用。B.ovis 只对绵羊、山羊有一定致病力。B.canis 菌虽然对犬有较强的侵袭力，但对人、畜的侵袭力很弱。羊种、牛种和猪种布鲁氏菌对人有较强的致病作用，尤以羊种布鲁氏菌毒力最强。

布鲁氏菌的毒力与细菌的侵袭力、各种酶活性和内毒素等有关。通常用实验动物的最小全身感染量及细菌数表示。

（六）基因组

布鲁氏菌代表株的DNA 分子量为（2.37~2.82）$\times 10^9$，G+C 含量为 55%~58%。布鲁氏菌对宿主的亲和性、毒力、感染力的功能基因都位于 DNA 保守区，不同种布鲁氏菌的 DNA 间有明显的相关性。它们在免疫原性、毒力、形态表征、氧化代谢、生化特性以及噬菌体裂解反应方面存在一定差异，而这些种间差异仅体现在基因序列的微小差异上。

（七）蛋白质组

布鲁氏菌抗原结构复杂，目前可分为属内抗原和属外抗原，前者包括 A、M 及 R 抗原等表面抗原。内部抗原为布鲁氏菌细胞裂解的可溶性胞质抗原，为特异性抗原。布鲁氏菌抗原可与其他细菌发生交叉凝集反应。

（八）免疫性

由于布鲁氏菌抗原比较丰富，当它侵入机体后，刺激机体的免疫器官，产生体液和细胞免疫反应，并产生保护作用。

1. 体液免疫

布鲁氏菌抗原进入机体后，逐渐产生不同类别的抗体，并不断向血液释放。这些不同类别的抗体（1gG、IgM 和 IgA）具有一定的抑菌和杀菌作用，且相互协调、相互制约。这些特异性免疫球蛋白还具有一定的调理作用，并能促进被吞噬的布鲁氏菌在细胞内消化。若将体液抗体被动转移给正常动物，也可提高该动物抗布鲁氏菌感染的能力。

2. 细胞免疫

60 年代以前，布鲁氏菌病细胞免疫指机体大小吞噬细胞吞噬布鲁氏菌。由于现代免疫学的发展，细胞免疫的概念也随之更新。细胞免疫，指致敏的 T 细胞在遇到布鲁氏菌抗原后，释放出各种淋巴因子产生的免疫效应。

我国学者指出，处于急性期布鲁氏菌病患者的 T 淋巴细胞数量变化不明显，随着病程的延长，T 细胞数量下降，尤其是活性 T 细胞数量减少更为明显。在适当治疗后，T 细胞数量又有回升。当慢性布鲁氏菌病患者外周血中的淋巴细胞受非特异性有丝分裂原刺激时，其淋巴细胞转化率低于正常人；当受特异性抗原刺激时，其 T 细胞转化率升高。

通过对布鲁氏菌病机体吞噬细胞的游走抑制进行研究，证明受布鲁氏菌感染机体的吞噬细胞，在体外受到布鲁氏菌抗原作用后，出现明显的细胞游走抑制。

3. 细胞吞噬作用

感染布鲁氏菌的人、畜机体迅速提高大小细胞特异性的吞噬能力。研究表明，免疫机体的大小吞噬细胞，在抗布鲁氏菌局部感染和全身感染的保护中都有重要作用。将布鲁氏菌免疫动物的腹腔单核细胞，在体外与布鲁氏菌一起培育，免疫动物的单核细胞杀菌活性明显高于正常动物的单核细胞。免疫后 3~5 d

腹腔单核细胞杀菌力上升，30 d 达到高峰，90 d 以后其杀菌活性明显下降。

4. 过敏反应

患布鲁氏菌病后，除了出现Ⅳ型过敏反应外，近年来，国外认为布鲁氏菌病还存在Ⅰ型和Ⅲ型过敏反应。

研究证明，感染布鲁氏菌的动物和家畜存在Ⅰ型和Ⅲ型过敏反应。通过现有临床资料及实验观察，并综合过敏反应机理的分析判断，我们还认为，患布鲁氏菌病的机体可能存在Ⅱ型过敏反应。应当指出，这些过敏反应除了在临床上与某些症状有联系外，其真正意义迄今不明。

（九）理化特性

布鲁氏菌对外界环境因素的抵抗力较强，但由于气温、酸碱度的不同，其生存时间有差异。在日光直射的条件下，抵抗力较弱，1~4 h 可灭活。在干燥的条件下，有较强抵抗力，在干燥土壤中可存活 2 个月。在乳、肉类食品中可存活 2 个月。在流产胎儿中至少可存活 75 d。在子宫渗出液中可存活 200 d 以上。在污染粪水中可存活 4 个月以上。在衣服、皮毛上可存活 3~5 个月。如果温度保持在 0 ℃左右，可在液体肥料中存活 2 年以上。对寒冷抵抗力强，在冷乳中可存活 40 d 以上。在冷暗处的胎儿体内可存活 6 个月。在腐败的动物体内很快死亡。但对热敏感，60 ℃ 30 min、70 ℃ 5~10 min 死亡，煮沸立即死亡。对消毒药的抵抗力不强，常用的一般消毒药，如 3%石炭酸、来苏儿、5%漂白粉、2%甲醛液、5%石灰水、0.5%洗必泰、0.1%新洁尔灭、消毒净等，都能在较短时间内将其杀死。

第三节 流行病学

一、易感动物

布鲁氏菌可感染多种动物：羊、牛、猪、鹿、骆驼、马、狗及许多野生动物等。通常母畜较公畜易感，人间布鲁氏菌病的感染源主要是动物。

二、传染源

人类布鲁氏菌病传染源除家畜牛、羊、猪外，还有骆驼、马、狗、鹿以及许多野生动物。

（一）绵羊、山羊

羊是人类布鲁氏菌病的最危险传染源。由于羊对布鲁氏菌比较敏感，感染后可通过多种途径排菌，如流产物、乳、尿和粪便等。人们接触病羊或食用其乳、肉等，可发生感染。

（二）牛

牛是人群散发性布鲁氏菌病的主要传染源。牛感染布鲁氏菌后的排菌途径与羊相似，因牛种布鲁氏菌对人的侵袭力低于羊种布鲁氏菌，故易造成人群散发性布鲁氏菌病流行。

（三）猪

猪也是人群散发性布鲁氏菌病的传染源。

三、传播途径

（一）接触感染

布鲁氏菌可以通过皮肤、黏膜、眼结膜进入体内。接触感染为布鲁氏菌病的主要传播途径，经皮肤（尤其是破损的皮肤）感染布病者占 80%~90%。

（二）消化道感染

污染布鲁氏菌的食物通过口腔、食道黏膜进入体内。由于布鲁氏菌对酸度较为敏感，在一般情况下少量细菌可被胃酸杀死，故从胃肠道感染者较少，但也有资料报道由于食用污染布鲁氏菌的奶制品而感染布鲁氏菌病的例子。夏季发病，常与制备和食用奶制品经口感染有关。在奶山羊布鲁氏菌病疫区，也经常出现因饮奶而发病。

（三）呼吸道感染

空气中含有布鲁氏菌的尘埃飞沫随呼吸进入鼻内、鼻咽部、气管和肺泡中，形成局部病灶，或进入血流造成泛化性感染，此为加工皮毛等有关职业人群感染布鲁氏菌病的主要途径。

在布鲁氏菌病实验室感染的布鲁氏菌病以呼吸道感染为主，尤其是在菌株冻干的过程中，大量布鲁氏菌飞散在空气中，造成感染风险。此外被布鲁氏菌污染的干粪尘土飞扬导致感染发病者也屡见不鲜。

（四）生殖道感染

布鲁氏菌还可经交配由生殖道感染。

（五）混合感染

在自然状态下，常见多种途径混合感染，故在布鲁氏病流行病学调查中，常无法得知确切的传播途径。

带有布鲁氏菌的各种污染物及食品均可成为传播因子。

1. 病流产物

布鲁氏菌在孕畜子宫内及线毛尿囊膜中均可大量繁殖，造成胎盘炎引起流产。细菌随流产物排出体外，极易造成人感染。不仅流产物造成外环境的严重污染，而且流产母畜常由阴道分泌物排菌，不断污染圈、草场和水源。

2. 病畜乳及肉

布鲁氏菌侵犯母畜乳腺造成乳腺炎。细菌从乳中排出可达数月之久，有研究证明，在正产的病羊中约有 10%的乳中带菌；而流产的母羊，其细菌检出率可高达 80%。牛患布病时尤为明显，有的牛在病后 3~7 年，其奶中仍可分离出布鲁氏菌。

病畜肉及内脏也是传播因子。特别是具有全身性感染和菌血症以及在流产或产羔后 3 个月之内，屠宰、剥皮或清洗内脏更易造成感染。此为肉类加工企业工作人员感染布病的主要原因。此外，因吃未熟的肉造成感染者亦多见。

3. 染菌的皮毛

疫区的皮毛往往是收购、加工职业人员的传播因子。例如，在某厂的熟皮工人中，布鲁氏菌病的感染率为 13%，接触绒毛的为 16.6%，接触皮张等物的为30%。

四、流行特征

该病一年四季均可发病。羊种布鲁氏菌病春季开始流行，夏季流行达到高峰，秋季流行下降；牛种布鲁氏菌病夏、秋季节的发病率较高。我国北方牧区羊群布鲁氏菌病性流产高峰在 2—4 月份，人间发病高峰在 4—5 月份。动物布鲁氏菌病疫情的流行情况与人间布鲁氏菌病疫情具有十分密切的联系。人间布鲁氏菌病疫情分布有明显的职业性，凡与病畜、染菌畜产品接触多者发病率高。畜间布鲁氏菌病以牛、羊为主，猪布鲁氏菌病较少见。

（一）地区分布

布鲁氏菌病的发生和流行不受地理条件的限制，关键在于病畜。一般情况下，牧区感染率高，城镇偏低，农区居中。此系职业、生活特点和畜群数量不同所致。牧区的牲畜既是生产资料，又是生活资料，人与牲畜接触频繁，受感染概率提高，故易造成人群布鲁氏菌病的流行，而且有明显的季节性。

在农区、牧区或以农业为主牧业为辅的地区，牲畜数量少，人群感染机会相对也少。但由于居民密集，发病比较集中，常呈点状流行。城镇居民由于食用染菌的奶及其制品而造成感染者较多，可出现散发性病例，无明显季节性，且与某些职业有关（工作于肉类加工厂、乳品厂、皮革厂和肠衣厂等）。

（二）不同疫区的流行特点

由于病原菌毒力、传染源特点和人群组成不同，形成不同的流行病学特点。

1. 羊种菌布病疫区

羊种布鲁氏菌主要贮存宿主为绵羊、山羊，故该类疫区的主要传染源是羊。羊种布鲁氏菌对人、畜有较强的侵袭力和致病性。我国牧区羊只数量较多，与人群有密切的广泛接触，易引起人群布病的暴发流行。羊种菌布病疫区以接触感染为主要途径。我国羊种布鲁氏菌病以生物型 1 为优势流行菌种。

2. 牛种菌布病疫区

牛种布鲁氏菌主要贮存宿主和疫区的主要传染源均为牛。

牛种布鲁氏菌的菌型复杂、毒力不一。有资料证明，牛 3/6 型与牛 7 型菌的毒力较强，其毒力近于羊种菌。但就牛种布鲁氏菌，总体而言，其毒力低于羊种，致病性较低，侵袭力较强，故牛种布鲁氏菌病流行区人群感染率较高，发病率偏低，常呈散发流行。临床表现为不典型的发病过程。我国牛种布鲁氏菌病疫区以生物型 1 为流行优势种，其次为牛 3/6 型和生物型 9。

3. 猪种菌布病疫区

猪是猪种布鲁氏菌的主要贮存宿主。因此，猪种布鲁氏菌病疫区主要传染源是猪，以接触感染为主要传播途径。我国流行的主要菌型为生物型 1 和生物型 3。猪种布鲁氏菌的毒力介于羊种菌和牛种菌之间。在人群中常呈散发流行。

4. 混合布病疫区

如牛、羊和猪 3 种布鲁氏菌混合感染的布病疫区。由于牧区中的家畜，特别是羊、牛常在同一牧场放牧。同一水源，同一家庭管理、饲养，接触频繁密切，因此混合疫区易发生型间转移现象。布鲁氏菌型间转移后易发生改变，使菌型更为复杂。

5. 季节性

人间布鲁氏菌病可全年发生，但有一定季节性。这主要取决于布鲁氏菌病流行的季节，尤其是羊种布鲁氏菌病流行更为明显。当畜群流产及产羔发生在 2—4 月份时，人间布病发病率逐渐上升，3—6 月份达到高峰。夏季人群发病与制备食用奶制品有关。秋季发病率逐渐下降。牛种布鲁氏菌病的发病在春、夏季稍多，但没有羊种布鲁氏菌病的季节性明显。此因羊配种及产羔较牛集中之故。

6. 年龄、性别和职业分布

布鲁氏菌病的流行有明显的职业性。皮毛工、制革工、牧民、屠宰工、肉食加工者和兽医布病感染率较高，而学生较低。

布鲁氏菌病在各年龄段皆可发生，一般以青壮年感染率最高，小孩和老年人较低。据调查，布鲁氏菌病感染率是男性高于女性。

7. 其他特征

一般为首次妊娠的母畜容易感染发病，多数病畜只发生 1 次流产，流产 2 次的较少。

在老疫区，流产较少，而子宫炎、乳房炎、关节炎、胎衣不下及久配不孕的病畜较多。

在新疫区，以暴发性流行为主，孕畜均发生流产。

饲养管理不良，畜群拥挤，寒冷潮湿，饲料不足，营养不良时，会促使布病发生和流行。

第四节　发病机理与病理学

一、发病机理

布鲁氏菌病发病机理颇为复杂，外国学者对此做了大量研究工作，我国学者也搜集了一定资料。

布鲁氏菌可经皮肤、消化道、呼吸道等多种途径侵入机体。无论哪种途径，最终都能引起全身性感染。侵入的布鲁氏菌首先进入组织间，然后随淋巴系统到达局部淋巴结，在此被吞噬细胞吞噬。被吞噬的细菌在细胞内生长繁殖，成为病原体的贮存地，从而形成原发病处。这一感染过程为淋巴迁徙阶段。此时期一般不出现临床表现，相当于布病的潜伏期。

布鲁氏菌在淋巴结内繁殖到一定程度，冲破淋巴屏障，沿着淋巴管进入血流，形成病原体的血行播散。此时布鲁氏菌在各种因素作用下发生破坏，释放出内毒素。在临床上，出现菌血症，表现有发冷、发热、出汗和全身不适等症状。这是布鲁氏菌病的菌血症阶段，或称为全身化阶段。

在菌血症阶段，血流中的布鲁氏菌或被中性粒细胞及巨噬细胞吞噬。吞噬后的布鲁氏菌随着细胞的游动散及全身各个部位，尤其是属于单核巨噬细胞系统的组织器官，如肝、脾和骨髓等，会引起全身组织脏器的损害，临床症状也表现出多样性。此时期为布鲁氏菌病发病过程的多发性病灶形成阶段。

机体为了清除布鲁氏菌，逐渐发挥免疫功能。大量的吞噬细胞聚集到各病灶内，尤其是在特异性细胞免疫功能建立之后，在淋巴因子作用下，使更多的巨噬细胞聚集于炎症区域，形成布鲁氏菌性肉芽肿。肝、脾和淋巴结等器官由于细胞增殖而肿大。随着病理过程的发展，特异性免疫过程不断形成和完善，通过特异及非特异体液和细胞免疫的单独作用与协同作用，控制了感染，最后多数机体清除病原体而逐渐康复。

在布鲁氏菌病病灶泛化和康复的过程中，也不应忽视有一部分感染机体转为慢性化的过程。布鲁氏菌抗原不断作用使机体致敏，致敏的 T 淋巴细胞在抗原作用下释放淋巴因子。后者作用于各组织引起变态反应性病变，此为形成布鲁氏菌病慢性过程的一种因素。另一个原因是机体抗感染的免疫功能不能完全控制病情发展，而对病原体只起到一定的抑制作用，转入慢性化阶段。

布鲁氏菌病的感染发病、转归是机体与布鲁氏菌相互斗争的综合反应。

二、病理变化

呈亚急性或慢性时，病理特征是所有组织和器官都可发生病理变化，主要为妊娠子宫和胎盘发生化脓-坏死性炎、睾丸炎、单核-巨噬细胞系统增生和肉芽肿形成。病理变化广泛，其中最易受损的组织为肝、脾、淋巴结，以及骨髓、骨、关节、血管、神经、内分泌、生殖系统。不仅损伤间质细胞，而且损伤器官组织的实质细胞，主要以单核-巨噬细胞系统的病变最为明显，病变以浆液性炎渗出为主，伴随增生性改变，慢性病例可形成肉芽肿。剖检可见胎衣呈黄色胶冻样浸润，有些部位覆有纤维蛋白絮片和脓液，有的增厚且有出血点。子宫绒毛叶部分或全部贫血，呈黄白色，或覆有脂肪状渗出物。胎儿胃中有淡黄色或白色黏液絮状物。

（一）主要病理形态

组织和器官的病理学演变可分为 3 个时期。

1. 非特异性炎症和退行性变化

首先呈渗出增生性和退行坏死性变化。主要发生在肝、脾、淋巴结、心肌、骨骼肌、肾和肾上腺等处。其次在结缔组织中发生增生性炎症改变，其表现是淋巴细胞和网状内皮细胞增生，神经胶质的增殖和结节形成，以及各系统中纤维细胞的增生，并可形成纤维质炎。

2. 机能亢进性反应

（1）肉芽肿形成。由所谓活动性间叶组织形成典型布鲁氏病性肉芽肿。这种肉芽肿由上皮样细胞、巨噬细胞和淋巴细胞组成。布鲁氏菌病性肉芽肿可在任何器官内形成，但在淋巴结和肝、脾中最为常见。

（2）血管机能亢进性炎症。主要发生在血管和毛细血管。表现为血管周围炎、血管内膜炎和栓塞性血管炎，并可形成纤维退行性改变或坏死、动脉瘤以及血管硬化。

（3）滑膜系统渗出性炎症。表现为滑囊炎、腱鞘炎、关节炎及其他变态反应性局部病变，如率丸炎等。

3. 硬化性病变

有些病例的肉芽组织可以恢复，组织结构也恢复正常，而另一些病例的肉芽肿组织则发生纤维硬化性改变。在受累器官内发生病灶性或弥漫性硬化。临床上表现为周围神经系统的后遗症性损害，如神经痛、神经炎等，也可发生慢性肝炎、肝硬化、骨外膜炎、关节粘连和各种挛缩。

（二）各器官组织病理改变

布鲁氏菌病的组织器官病理变化主要发生在肝、脾、心血管和神经系统。

1. 皮肤

皮肤病变可分为原发性和继发性 2 种。经皮肤感染的机体是否出现原发性皮肤损害并不恒定，或出现也不明显，病理改变持续时间不长。继发性损害的特点是发生部位不一，有一定的发生期，可见增生性肉芽肿、出血，结缔组织层纤维断裂、水肿，毛细血管壁肿胀和血管通透性增强等变化。

2. 淋巴结

布鲁氏菌侵入机体后，各处的淋巴组织经常受累，病变出现较早。初期主要是细胞增生，形成类上皮细胞结节，即增生性肉芽肿。肉芽肿周围除类上皮组织细胞外，还有淋巴细胞、嗜酸性粒白细胞和浆细胞。

3. 血管系统

感染布鲁氏菌病后血管改变十分明显，可累及小血管、大血管以及主动脉。更多见的是侵入小动脉、毛细血管和毛细血管后静脉，表现为血管内膜炎、血栓性脉管炎和动脉瘤。病变可发生在血管各层及血管周围。

4. 心脏

病变可发生在心内膜、心包及心肌，出现特异性心肌炎、溃疡–多疣性心内膜炎、心包炎甚至心肌炎，在受累的心瓣膜可查到布鲁氏菌。主要的组织学改变为布鲁氏菌性肉芽肿。

5. 肝

主要表现为布鲁氏菌性肝炎，其特点是各种炎症过程交替出现。急性期肝内出现浆液性炎症，同时伴有实质细胞的中毒性坏死和蛋白–类脂体性营养不良。浆液性肝炎可转变为增殖性炎症，由幼嫩的肉芽组织代替坏死的肝实质细胞，在肝小叶内形成类上皮细胞肉芽肿。慢性期可出现混合型或萎缩型肝硬变。

6. 脾

在布鲁氏菌病急性期，由于网状内皮细胞和淋巴细胞成分增殖，可发生肿大，并有肉芽肿形成。慢性期出现真性脾肿大，有网状内皮细胞的弥漫性增生和毛细血管的胶原性变。

7. 骨髓

感染布鲁氏菌后，在骨髓内可发生小坏死、营养不良及纤维化，并导致严重的出血性紫癜、再生障碍性贫血和骨髓发育不全。骨髓内有髓样细胞增殖和圆形细胞浸润的结节，以及浆液性水肿和渐进性细胞坏死。

8. 神经系统

患布鲁氏菌病时，中枢和末梢神经系统均可受累。中枢神经系统受累时可发生脑膜炎、脑炎、脊髓膜炎和脊髓炎等。周围神经受累时，以腰骶的后根和坐骨神经表现最为明显。神经系统的主要病理变化为退行性、渗出性、增殖肉芽肿性和硬化性改变。

9. 泌尿生殖系统

在肾脏中可出现类脂体性营养不良和间质性肾炎。男性机体中可发生睾丸炎、附睾炎，女性则出现子宫内膜炎等。

10. 运动器官

骨、关节、肌肉和韧带均可受累。脊椎可发生脊神经根炎，在脊神经后根的神经内、外结缔组织间，出现各种各样的圆形细胞炎性浸润。骨骼系统可出现增殖性多形细胞的成骨性炎性反应，同时有骨样组织形成。骨骼肌内可见急性或慢性炎症性改变。结缔组织初期表现为浆液性出血性炎症，最后可出现纤维化。在临床上表现为关节炎、关节周围炎、滑囊炎和腱鞘炎等。

综上所述，布病的病理改变是多器官性、迁延性和增殖性变化。

第五节　临床症状及诊断

一、人类

（一）临床表现与分期

人类被布鲁氏菌侵入后，经过一定潜伏期表现出临床症状，潜伏期一般为1~3 周，平均 2 周，部分病例潜伏期更长，且症状一般不明显，多数病例为隐性感染，可能终生潜伏体内而不发病。主要表现如下。

1. 临床表现

（1）发热：典型病例表现为波状热，常伴有寒战、头痛等症状，可见于各期患者。部分病例可表现为低热和不规则热型，且多发生在午后或夜间。

（2）多汗：急性期病例出汗严重，可湿透衣裤、被褥。

（3）肌肉和关节疼痛：为全身肌肉和多发性、游走性大关节疼痛。部分慢性期病例还可有脊柱（以腰椎为主）受累，表现为疼痛、畸形和功能障碍等。布鲁氏菌病患者的 X 线骨关节检查提示，关节边缘出现骨质硬化、增生，或关节端与关节缘呈疏松样改变。

（4）乏力：几乎全部病例都有此表现。

（5）肝、脾及淋巴结肿大：多见于急性期病例。

（6）其他：男性病例可伴有睾丸炎，女性病例可见卵巢炎。少数病例有心、肾及神经系统受累表现。有的还有食欲不振、恶心、呕吐、腹痛、无力、失眠、便秘和咳嗽等。

2. 临床分期

（1）急性期：表现为寒战、发热、多汗。全身不适，乏力，头痛，肌肉疼痛。发热平均为 2~3 周，数日至 2 周后再次发热，低热和不规则热型，常因大汗浸湿衣被。关节痛，主要为大关节（如膝、腰、肩、髋等关节），呈游走性，少数伴关节红肿。淋巴结及肝、脾肿大。淋巴结肿大主要见于颈部及腋下。约半数患者可出现肝肿大和肝区疼痛。

其他。男性可有睾丸炎或附睾炎。女性可患卵巢炎、输卵管炎、子宫内膜炎、乳腺炎，孕妇可流产（少见），坐骨神经痛也较多见。病程在 6 个月以内。

（2）慢性期：可由急性期发展而来，病程超过 6 个月仍未痊愈。也有无急性病史。常见症状有疲乏、夜汗、头痛、长期低热、抑郁、烦躁、寒战或寒意、胃肠道症状、肌肉及关节酸痛。关节和肌肉疼痛反复发作。也可有失眠、抑郁、易激动等急性期遗留的症状，如背痛、关节痛、坐骨神经痛、明显乏力。固定而顽固的关节痛多见于羊型，化脓性并发症则多见于猪型。

（3）隐性：感染后没有明显症状，但是血检为阳性，耐过后可痊愈。

（二）诊断及鉴别诊断

1. 诊断

由于布鲁氏菌病临床表现多样，而特异性症状、体征又较少，故诊断应采用综合方法判定。可根据流行病学史、临床表现和实验室检查进行诊断。

（1）疑似病例。符合下列标准者为疑似病例。

① 流行病学史：发病前与家畜或畜产品、布鲁氏菌培养物等有密切接触史，或生活在布病流行区的居民等。

② 临床表现：发热，乏力，多汗，肌肉和关节疼痛，腰痛剧烈，或伴有肝、脾、淋巴结和睾丸肿大等全身表现。

（2）临床诊断病例。疑似病例虎红平板（RBPT）或平板凝集试验（PAT）结果为阳性者。

（3）确诊病例。布鲁氏菌血清凝集试验结果在 1∶100 以上，并在治疗后下降。或检查双份血清（发病初期和发病后期），效价有 4 倍以上升高者和（或）分离到布鲁氏菌者。

（4）隐性感染病例。有流行病学史，符合确诊病例免疫学和病原学检查标准，但无临床表现。

2. 鉴别诊断

（1）流行性感冒。布鲁氏菌病初期与流行性感冒很相似。流行性感冒多为地区性和季节性流行，短时间内出现大量患者，与职业关系不大。必要时可做特异性实验检查。

（2）伤寒、副伤寒。发热，肝、脾肿大，白细胞减少，淋巴细胞增多等都与布鲁氏菌病相似。伤寒、副伤寒患者以持续高热、表情淡漠、相对脉缓、皮肤玫瑰疹、肝及脾肿大为主要表现，而无肌肉、关节疼痛，多汗等布病表现。实验室检查血清肥达反应阳性，伤寒杆菌培养阳性，布病特异性检查阴性。

（3）风湿热。布病与风湿热均可出现发热及游走性关节痛，但风湿热可见风湿性结节及红斑，多合并心脏损害。而肝、脾肿大，睾丸炎及神经系统损害极为少见，同时实验室检查抗链球菌溶血素“O”为阳性、白细胞增多以及布鲁氏菌病特异性检查为阴性等，都可与之鉴别。

（4）风湿性关节炎。慢性布病和风湿性关节炎均是关节疼痛严重、反复发作、阴天加剧。风湿性关节炎多有风湿热的病史，病变多见于大关节，关节腔积液少见，一般不发生关节畸形，常合并心脏损害，血清抗链球菌溶血素“O”滴度上升，布病特异性实验室检查阴性有助于鉴别。

（5）肺与淋巴结核。布鲁氏菌病长期低热、多汗和淋巴结肿大等与结核病相近，但结核病患者明显消瘦、两颊潮红、咳嗽和血沉加快等，以及X线检查均可与之鉴别，必要时可做布鲁氏菌病特异性检查以鉴别。

（6）疟疾。寒战，发热，肝、脾肿大以及白细胞减少等与疟疾相似，但疟疾多为阵发性高热，且运动器官损害较少，末梢血可见疟原虫。必要时可做布鲁氏菌病特异性检查以鉴别之。

（7）耶氏菌病。该病临床表现多样，可有关节疼痛等症状，与布鲁氏菌病相似，而且耶氏菌09型抗血清常与布鲁氏菌出现交叉反应，更使诊断复杂化，但耶氏菌病多出现胃肠道症状，尤其结肠炎是本病所常见。必要时可做细菌学检查或皮肤过敏试验，即可鉴别。

（8）其他。除上述疾病外，布病还应与败血症、Q热、土拉伦菌病等鉴别，慢性期还应与其他关节损害疾病及神经官能症等鉴别。

二、动物

布鲁氏菌病在动物体内的潜伏期一般为14~180 d。典型症状是怀孕母畜发生流产，而且多发生于第1胎怀孕母畜，多数只流产1次，流产胎儿多为死胎、弱胎，流产后发生胎衣滞留和子宫内膜炎。流产可发生于妊娠的任何时期，但最常发生在第6~8个月，即使不发生流产，在胎盘、胎液和阴道排泄物中有大量病原。乳腺及相关淋巴结也可被感染，并经乳汁排菌。急性感染时，多数淋巴结都有细菌。公畜常发生睾丸炎、附睾炎或关节炎，表现为睾丸肿大，有热痛反应，后期萎缩。关节炎，表现为关节肿胀、疼痛，喜卧，病畜跛行（表1-1）。

表 1-1　不同动物感染布鲁氏菌后的临床表现

畜种	牛	羊	猪
流产时间	怀孕后第 6~8 个月	多在怀孕的第 4 个月	多在怀孕的第 3 个月
流产前症状	流产前数天一般有分娩征兆	流产前 2~3 d，体温升高、精神不振、食欲减退，有的长卧不起，由阴道排出黏液或带血样分泌物	精神不振，食欲不佳，乳房、阴唇肿胀，有时排出黏液性脓样分泌物，很少出现胎盘滞留
流产后症状	常伴有胎衣滞留、子宫内膜炎和乳房炎	阴道持续排出黏液或脓液，出现慢性子宫炎	子宫黏膜常出现灰黄色粟粒大结节或卵巢囊肿，以致不孕
公畜症状	睾丸炎和附睾炎，睾丸肿大，触之有痛感	除发生关节炎外，有时发生睾丸炎、附睾炎，睾丸肿大，触诊局部发热，有痛感	睾丸炎前期呈一侧性或两侧性睾丸肿胀、坚硬，有热痛感，病程较长。后期睾丸萎缩，失去配种能力
其他症状	通常第 1 胎次怀孕母牛流产，第 2 胎正常	病羊跛行，经过 1 次流产后，病羊能够自愈	发生关节炎而出现跛行，尤其是后肢多发

1. 牛

潜伏期为 2 周至 6 个月，未怀孕的母牛感染布鲁氏杆菌通常无临床症状。母牛患布鲁氏菌病后会引发胎盘炎，最明显的临床表现是孕畜流产。流产后母畜失去生育能力，怀孕的母牛经常死胎和胎滞留等，在胎盘、胎液和阴道排泄物中也有大量病原。乳腺可被感染，并经乳汁排菌，病牛产奶量降低。公牛受布鲁氏菌侵袭后，常侵犯生殖器官，使贮精囊有一定损伤，故常出现睾丸炎、附睾丸炎，精液内常有大量布鲁氏菌，交配后导致母牛感染。因此，布鲁氏杆菌是引起家畜不孕的一个重要原因。患布病的牛常有关节炎及关节积液等症状。

2. 羊

病绵羊及山羊常不表现症状，最先被注意到的症状也是流产。流产前，食欲减退、口渴、精神委顿、阴道流出黄色黏液等，流产发生在妊娠后第 3 或第 4 个月。怀孕病羊在流产前常从阴道排菌，可持续 2~3 周。患布鲁氏菌病后，山羊的流产与牛的流产不同，常可连续发生 2~3 次。流产后常有阴道流出腐臭的分泌物史，而胎盘留滞不常出现，有的则不发生流产，但也有的山羊群流产达 40%~90%。其他症状还有乳房炎、支气管炎、关节炎、生长停滞、皮毛粗糙、滑液囊炎引起的跛行等。公羊染病后生殖器官出现炎症，如睾丸炎等。乳山羊的乳房炎常较早出现，发生乳腺炎的乳易凝固和变色，有时有凝块下沉，上清液变成清亮的血清样液体。泌乳病羊可由奶排菌，排菌可持续数月或更久。

绵羊布鲁氏菌病的明显症状是流产，乳腺炎及奶质改变也是常见症状之一，其他表现与山羊布病相似。

绵羊附睾种布鲁氏菌可引起公绵羊附睾丸炎。公绵羊感染此菌后，局限于附睾，常引起附睾肿大和硬结，通常在一侧。在疾病早期的精液中含有大量绵羊附睾种布鲁氏菌。

非怀孕母羊也可以感染此病，系一过性。怀孕母羊比较易感，患病后发生胎盘炎，引起流产和死胎，并排出大量黄色毛膜渗出液。

3. 猪

猪种布鲁氏菌侵入机体后，菌血症期较长，睾丸炎、跛行、后肢麻痹、脊椎炎和子宫炎等是常见症状，病猪最明显的症状也是流产。病猪流产率可达 50%~80%，多发生在妊娠第 4~12 周。流产的前兆症状常见沉郁、阴唇和乳房肿胀，有时阴道流出黏性或脓性分泌物。少数情况因胎衣滞留引起子宫炎和不育。母猪、处女猪和公猪不育常见，在一些病猪场，不育症可能是猪布病的唯一表现。病公猪能长期从精液排菌，而病母猪流产后排菌也常见的。有的出现皮下脓肿、关节炎、腱鞘炎等，公猪常发生睾丸炎和附睾炎。

4. 其他

由犬种布鲁氏菌感染所致，常见孕犬在怀孕的第 40~50 天流产，流产后阴道长期排出分泌物，淋巴结肿大，并见淋巴结炎和长期菌血症；公犬有睾丸炎和附睾炎。

马患布鲁氏菌病后出现脓性黏液囊炎，最常见者为“马肩瘘管”或“马颈背疮”。由牛种菌或猪种菌引起的马布鲁氏菌病偶尔也发生流产。其他症状有关节炎、慢性间歇性跛行等。

我国青藏高原和四川某些地区常有牦牛的布鲁氏菌病发生，南方有水牛布鲁菌病存在。

牦牛和水牛的布鲁氏菌病症状与黄牛布鲁氏菌病临床表现相似。

第六节　实验室诊断

一、人布鲁氏菌病实验室诊断

（一）一般实验室检查

1. 血象

白细胞计数多正常或偏低，淋巴细胞相对增多，有时可出现异常淋巴细胞，少数病例红细胞、血小板减少。

2. 血沉

急性期可出现血沉加快，慢性期多正常。

（二）免疫学检查

1. 平板凝集试验

虎红平板（RBPT）或平板凝集试验（PAT）结果阳性，用于初筛。

2. 试管凝集试验（SAT）

滴度为 1：100 ++及以上，病程 1 年以上，滴度 1：50 ++及以上；或半年内有布鲁氏菌病疫苗接种史，滴度达 1：100 ++及以上者。

3. 补体结合试验（CFT）

滴度 1：10 ++及以上。

4. 布病抗-人免疫球蛋白试验（Coomb's）

滴度 1：400 ++及以上。

（三）病原学检查

血液、骨髓、关节液、脑脊液、尿液、淋巴组织等培养分离到布鲁氏菌。急性期血液、骨髓、关节液阳性率较高，慢性期阳性率较低。

二、动物布鲁氏菌病实验室诊断

布鲁氏菌病的确诊必须结合特异性实验室诊断结果。实验室诊断方法主要包括细菌分离鉴定、血清学方法和分子生物学方法。鉴于布鲁氏菌对人的致病性，进行病原分离培养鉴定等高风险实验时，必须在生物安全三级以上的实验室条件下进行，PCR 类实验应在生物安全二级实验室条件下进行（表 1-2）。

（一）病原的分离鉴定

细菌病原分离鉴定是将病料处理后使用选择性培养基进行培养，对生长的菌落形态进行观察，进一步进行细菌染色、生化特性分析以鉴别是否为布鲁氏菌。该方法准确性高、可靠性好，但该方法耗时较长、操作难度大、敏感性较低，对实验环境、资质、条件要求高，还存在一定的生物安全隐患，不能在生产实践中大范围应用。

1. 图片染色镜检

采集流产胎衣、绒毛膜水肿液、肝、脾、淋巴结、胎儿胃内容物等组织制成抹片，加热或酒精固定后，用改良萋-尼氏（Ziehl-Neelsen）方法染色后镜检。布鲁氏菌菌体染成红色球状杆菌或短棒状杆菌，背景为蓝色。革兰氏染色呈阴性，一般不发生两级着染。

表 1-2 不同布鲁氏菌病检测方法比较

检测原理	检测方法	敏感性	特异性	特点
病原学检测	普通 PCR	较高	高	操作简单，敏感性、特异性较高，可用于种属间鉴定。但生物风险较大，分离鉴定难度较高
	荧光定量 PCR	高	高	快速，敏感性、特异性均较高。但引物设计困难，假阳性较高
	环介导等温扩增	高	较高	方法较简单，无须特定实验设备，方便快捷。引物设计扩增较为困难，假阳性较高
血清学检测	虎红凝集试验	较高	中等	操作简单，适合临床检测使用。特异性较差，受环境影响大
	试管凝集试验	高	较差	结果较为准确，敏感性好。特异性较差，样本影响大，易受到实验人员主观影响
	补体结合试验	高	高	为血清学检测金标准，敏感性和特异性高；操作烦琐，难以大规模使用
	ELISA	高	高	方便快捷，操作简单，适合大规模检测使用。检测成本高
	FPA	高	高	方便快捷，操作简单，适合大规模检测使用。检测成本高，需要专门的仪器，采购成本大
	胶体金试纸条	高	高	方便快捷，结果清晰易读，适合现场检测使用。不同试纸条之间重复性较差，无统一标准
细胞免疫学检测	皮肤迟发型变态反应实验	高	较差	方便，无须特定仪器设备，敏感性高。特异性差，易受其他疾病干扰，抗原无统一标准

2. 分离培养和鉴定

对无菌采集的组织样品，剔除多余部分（如脂肪），取 5 g 剪成小块，加入 10 mL 无菌 PBS 缓冲液进行研磨，取 200 μL 接种于含 10%马血清的马丁琼脂斜面。若病料有污染，可以用选择性培养基，如 Farrell 氏培养基进行分离培养。根据其特异性单向血清 A、M 凝集试验，菌体粗糙程度，分离物的性状、生化特性，对某些染料的抑制作用，对 Tb 噬菌体裂解作用的感受性，糖发酵试验或单基因多样性等进行鉴定。

也可采集血液、乳汁、胎儿组织或胎盘组织乳剂、阴道洗液等做接种材料，皮下接种于豚鼠 1~3 mL，接种后 3~5 周剖杀，取淋巴结或脾、脏进行细菌培养和鉴定，可提高分离率。

如果质量管理控制得当，PCR 类方法具有快速、准确、高效的特点，可用于各种动物布鲁氏菌病的病原学检测、病原鉴定和分子流行病学分析。

3. 检测布鲁氏菌抗原

A 抗原和 M 抗原在不同种的布鲁氏菌中含量不同，依此可对菌种进行区别。牛种布鲁氏菌含 A 抗原多，故又称为牛种布鲁氏菌抗原；羊种布鲁氏菌含 M 抗原多，故又称为羊种布鲁氏菌抗原。其中牛种布鲁氏菌 A∶M=20∶1，羊种布鲁氏菌 A∶M=1∶20，猪种布鲁氏菌 A∶M=2∶1。用 A 与 M 因子血清进行凝集试验可鉴别 3 种布鲁氏菌。

（二）血清学诊断

血清学诊断是布鲁氏菌病诊断（检疫、监测）的主要手段，尤其对群体筛查有意义。在未免疫情况下，血清学诊断主要检测是否感染布鲁氏菌病，而且可根据其抗体滴度的不同判断其病程的长短，具有快速、简便、费用低等优点。但在免疫情况下，不能严格区分自然感染抗体和疫苗免疫抗体，具有一定的局限性。

血清学诊断方法很多，且多为国际贸易和国家标准方法，主要包括虎红平板凝集试验（RBT）、试管凝集试验（SAT）、全乳环状试验（MRT）、补体结合试验（CFT）、酶联免疫吸附试验（ELISA）等方法。血清学检测方法以抗原抗体反应为基础，抗原和参考血清的制备是此方法的关键，诊断抗原多使用牛种布鲁氏菌菌株（光滑型菌落）的纯培养物，绵羊种布鲁氏菌菌株用粗糙型菌落。我国《动物布鲁氏菌病诊断技术》（GB/T 18646—2018）规定虎红平板凝集试验、间接酶联免疫吸附试验和全乳环状试验适用于动物布鲁氏菌病的初筛实验。

1. 虎红平板凝集试验（RBT）

RBT 是将布鲁氏菌虎红平板凝集试验抗原与动物血清样品充分混合，4 min

内观察是否出现凝集现象以判定结果。RBT 具有方法简单、操作步骤简单、耗时短、试剂成本低、检测敏感性较高等优点，适合现场操作，并可用于布病大面积检疫及流行病学调查，主要用于布病的初筛。但同时特异性较低，结果判定易受环境及主观因素影响，容易形成假阳性结果，须与其他方法结合进行确诊。不能鉴别疫苗免疫和野毒感染的动物。

2. 试管凝集试验（SAT）

SAT 法原理是血清 IgG、IgM、IgA 抗体与布鲁氏菌抗原产生凝集现象。检测血清中的布鲁氏菌 IgG、IgM、IgA 3 类免疫球蛋白，主要是 IgM 和 IgG2 型抗体，且检测 IgM 的敏感性显著高于 IgG，可用于布鲁氏菌病的早期诊断。操作方法是在试管中将稀释抗原与血清样品混合，37 ℃孵育 24 h 观察是否出现凝集以判定结果。SAT 特异性较强，可以定量检测，由于检测的 IgM 抗体敏感性高，阳性结果比较准确，可作为本病的早期诊断。本方法的缺点是反应时间长、耗材需求量大、操作步骤烦琐、判定结果存在一定的主观性，当感染动物的抗体滴度达不到检测水平时，可能出现误判和漏判。近年来发达国家已基本淘汰试管凝集实验。

3. 补体结合试验（CFT）

CFT 原理是待检血清样本中的布鲁氏菌抗体与抗原结合形成抗原抗体复合物，该复合物与补体结合，加入致敏红细胞后不会产生溶血现象，结果显示为阳性。补体结合抗体属 IgG 型，出现较晚，且保持时间长，对诊断慢性布鲁氏菌病意义大。该方法是布鲁氏菌病传统血清学诊断方法中特异性和敏感性最高的，是个体诊断的“金标准”，官方普遍采用此方法作为本病的确诊试验。但补体结合试验不适用于猪的个体诊断，因为猪的补体会干扰豚鼠补体而使补体结合试验的敏感性降低，但是在猪群体的监测中，CFT 方法仍然有应用价值。本方法需大量试剂及各种对照组，操作程序复杂，试剂组分制备困难，结果判定具有主观性，对实验室要求高，难以推广应用。本方法是在国际贸易中被指定用于牛、羊布鲁氏菌病的确诊方法。在很多国家布鲁氏菌病的控制和消除项目中作为确诊试验。

4. 酶联免疫吸附试验（ELISA）

ELISA 是将已知的抗原或抗体吸附在固相载体表面，按不同的步骤加入待检样品和酶标抗原或抗体，使之与固相载体表面的抗原或抗体反应，通过显色实现抗原抗体定性或定量分析。ELISA 技术成熟稳定，具有敏感性与特异性高、操作简便快速、高通量、条件限制要求低、安全、污染少、易于自动化操作等优点，主要检测 IgG 抗体，是一种与补体结合试验效果相当的检测方法，操作方便，既可作为确诊检测，又可作为筛选和鉴别，适合大规模临床样本的快速检测。此检测技术方法关键在于抗原的选择，现在标准化的 ELISA 诊断试剂中，主要使用 S-LPS 抗原，检测最低抗原浓度达 0.05~0.1 mg/mL。同时，由于 ELISA 用酶标仪判定试验结果，避免了肉眼观察判定结果的误差，但对仪器设备要求较高，检测成本较高。

目前，布鲁氏菌病 ELISA 检测主要以光滑型布鲁氏菌脂多糖抗原检测抗体，包括间接 ELISA（iELISA）和竞争 ELISA（cELISA）2 种。iELISA 灵敏度较高，标记的抗体较少，成本更低，但是试验周期更长。cELISA 步骤较复杂，但可以检测含有布鲁氏菌抗体的不纯净血清，数据再现性更高，但是整体敏感性和特异性稍低。

5. 乳牛全乳环状试验（MRT）

MRT 仅用于对牛奶样本中的布鲁氏菌抗体进行检测，是用已知全乳四氯唑染色环状抗原检测新鲜的全脂乳中的未知抗体，在乳样与稀释抗原液面处出现乳白色沉淀环，按照乳脂和乳柱的颜色进行判定，全乳环状试验可进行定性或半定量试验。MRT 无须采血、灵敏度高，不会使奶牛产生应激反应，同时其敏感性能够满足大型牛场布鲁氏菌病的现场筛查，特异性较强，操作快捷且简便，试剂成本不高。但此方法对乳样要求苛刻，易受牛奶样品质量影响产生假阳性结果，存在非特异性反应，可用于布病的初筛。

6. 荧光偏振试验（FPA）

FPA 是利用荧光偏振技术结合抗原抗体反应鉴别血清、血浆或牛奶样品中是否存在抗体的定性检测方法。该方法敏感度和特异性较高，省去了 ELISA 检测中的洗板、孵育环节，具有操作简单、仪器耗材携带方便、反应时间短、检测速度快、效率高等优点，同时由于能够区分疫苗抗体、感染抗体，适合大量样本检测及田间检测。荧光偏振技术已经用于北美和欧洲的布鲁氏菌病根除计划，是 OIE 规定的国际贸易指定方法。

7. 胶体金试验

胶体金试验的原理是，将特异性的抗原或抗体以条带状固定在膜上，待检样本通过毛细作用与吸附在结合垫上胶体金标记试剂反应形成结合物后向前移动，与特定区域固定的抗原或抗体发生特异性反应，通过肉眼即可观察到显色结果。胶体金试验可以方便快捷地在田间进行，且敏感性高、结果易判定，但现有商品化胶体金试纸条敏感性和符合率较低，仍须进一步开发验证。

（三）分子生物学检测

布鲁氏菌病分子生物学检测方法主要包括普通 PCR、多重 PCR、荧光定量 PCR 和环介导等温扩增技术（LAMP）。这些诊断技术不仅提高了检测的特异性，而且增加了检测的灵敏度，也适用于一般条件的实验室，其中 AMOS-PCR、多重荧光 PCR 等技术可同时实现不同布鲁氏菌生物种检测和生物型鉴定，有助于提高诊断和检测效率。布鲁氏菌病的分子生物学检测方法因布鲁氏菌基因相关研究的不断深入而应用前景广阔。

1. 普通 PCR 和多重 PCR

布鲁氏菌病的聚合酶链式反应（PCR）是针对布鲁氏菌基因的特异保守序列设计引物，以菌落、病料等提取的 DNA 为模板进行 PCR 扩增，通过电泳观察扩增片段的大小进行分析。PCR 技术具有敏感性高、特异性好、效率高、操作较为简单等优点，但是试剂盒价格较高，实验过程烦琐、耗时较长，且对实验室仪器、设备、操作条件要求高，不宜在基层推广。

普通PCR使用一对引物，不能区分布鲁氏菌的生物型，多重PCR则通过设计多对特定引物，可以区分布鲁氏菌与其他病原菌，并且对不同种属的布鲁氏菌进行鉴定。布鲁氏菌PCR检测常用的保守基因有bscp31、IS711、16S rRNA等。

2. 荧光定量PCR

荧光定量PCR技术是在PCR引物探针上添加荧光标记，通过实时监测扩增荧光信号强度，实现布鲁氏菌核酸定量检测。荧光定量PCR可以高通量检测，效率高、敏感性更高、特异性强，同时由于省略了普通PCR的核酸电泳，减少了操作步骤和误差，但试剂、仪器、设备成本高，对实验室人员操作、环境条件要求更高，只适用于具有条件资质的实验室。

3. 环介导等温扩增技术（LAMP）

LAMP与PCR技术类似，加入特定指示剂在等温条件下反应，特异性扩增核酸序列检测，根据颜色变化直接判读结果。近年来，新开发的LAMP技术具有敏感性、特异性高，设备要求不高，技术简单，快速高效，试剂成本低等优点，可广泛应用于基层实验室检测诊断。

（四）细胞免疫学检测

布鲁氏菌细胞免疫学检测方法通常使用的是皮肤迟发型变态反应实验，与结核菌素实验相似，是将提纯布鲁氏菌水解素（Brucellin）接种于待检动物，注射于动物尾根皱褶处皮内，24~48 h后可根据受检动物皮肤红肿程度判断结果。若注射部位发红、肿胀，即判断为阳性反应。此方法对慢性病检出率较高，并且注射水解素后无抗体产生，不妨碍之后的血清学检查。WOAH参考手册已列入此方法，但受判定标准较为模糊、实验动物个体差异大、细胞免疫状态影响因素多、相关研究仍不成熟等条件限制，目前该方法仍停留在实验室阶段。

第七节　预防与控制

布鲁氏菌病的防控原则是以预防为主，依法防治、科学防治，全社会共同参与，采取分区防控、人畜同步防治策略，逐步控制和消灭布鲁氏菌病。

一、人布鲁氏菌病的预防与治疗

（一）预防

（1）人感染布鲁氏菌病主要是由于接触病畜及其产品，特别是在助产时接触胎儿、胎衣、羊水、阴道分泌物等。预防和控制人布鲁氏菌病的关键在于控制动物布鲁氏菌病。不要徒手接产，接产后及时清理、消毒产房或产羔区，同时及时洗手并消毒。动物诊疗、屠宰加工、皮毛加工等高危行业，要加强个人防护，防止工作人员感染。

（2）与动物密切接触的工作人员在工作时要注意做好个人防护。工作前后更换工作服，工作服、用具定期消毒，工作时不吃东西、不喝水、不抽烟，工作后洗手消毒。

（3）其他人员须注意饮食卫生，不食用来源不明的动物食品（牛和羊肉、乳），动物食品要充分煮熟后食用。

（4）加强相关人员的卫生知识宣传，做好个人防护，防止人感染布鲁氏菌病。

（二）治疗

1. 一般治疗

注意休息，补充营养，食用高热量、多维生素、易消化食物，保持水及电解质平衡。高热者可用物理方法降温，持续不退者可用退热剂等对症治疗。

2. 抗菌治疗

治疗原则为早期、联合、足量、足疗程用药，必要时延长疗程，防止复发及慢性化。常用四环素类、利福霉素类药物，亦可使用喹诺酮类、磺胺类、氨基糖苷类及三代头孢类药物。治疗过程中须注意监测血常规，肝、肾功能等。

（1）急性期治疗。

① 一线药物。多西环素合用利福平或链霉素。

② 二线药物。不能使用一线药物或效果不佳的病例可酌情选用以下方案：多西环素合用复方新诺明或妥布霉素；利福平合用氟喹诺酮类药物。

③ 难治性病例可加用氟喹诺酮类或三代头孢菌素类药物。

④ 隐性感染病例是否需要治疗，目前尚无循证医学证据，建议给予治疗。

（2）慢性期治疗。

抗菌治疗：慢性期急性发作病例治疗多采用四环素类、利福霉素类药物，用法同急性期，部分病例需要 2~3 个疗程的治疗。

（3）并发症治疗。

① 合并睾丸炎病例抗菌治疗同上，可短期加用小剂量糖皮质激素。

② 合并脑膜炎病例在上述抗菌治疗基础上，加用三代头孢类药物，并给予脱水等对症治疗。

③ 合并心内膜炎、血管炎、脊椎炎、其他器官或组织脓肿病例，在上述抗菌药物使用的同时，加用三代头孢菌素类药物；必要时给予外科治疗。

（4）特殊人群治疗。

① 儿童：可使用利福平联合复方新诺明治疗。8 岁以上儿童治疗药物选择同成年人。

② 孕妇：可使用利福平联合复方新诺明治疗。妊娠 12 周内选用三代头孢菌素类联合复方新诺明治疗。

3. 中医药治疗

布鲁氏菌病属于中医湿热痹症，因其具有传染性，故可纳入湿热疫病范畴。布病系受湿热疫毒之邪，初期发热或呈波状热，大汗出而热不退，恶寒，烦渴，伴全身肌肉和关节疼痛，睾丸肿痛等为主要表现。继而表现为面色萎黄、乏力、低热、自汗盗汗、心悸、腰腿酸困、关节屈伸不利等。其基本病机为湿热痹阻经筋、肌肉、关节，耗伤肝、肾等脏腑。

（1）急性期。

① 湿热侵袭。

临床表现：发热或呈波状热，午后热甚，恶寒，大汗出而热不退，烦渴，或伴胸脘痞闷、浑身关节肿疼、睾丸肿痛，舌红，苔黄或黄腻，脉滑数。

治法：清热透邪，利湿通络。

参考方药：生石膏、知母、苍术、厚朴、生薏米、青蒿、黄芩、忍冬藤、汉防己、杏仁、广地龙、六一散。

加减：恶寒身痛重者加藿香、佩兰；睾丸肿痛者加川楝子、元胡。

② 湿浊痹阻。

临床表现：发热，汗出，午后热甚，身重肢困，肌肉关节疼痛，肝、脾肿大，睾丸肿痛，舌苔白腻或黄腻，脉弦滑或濡。

治法：利湿化浊，宣络通痹。

参考方药：独活、寄生、生薏米、汉防已、秦艽、桑枝、苍术、广地龙、赤芍、丹参、黄芩、生甘草。

加减：热甚者加栀子、知母；关节痛甚者加刺五加、木瓜。

（2）慢性期。

气虚络阻。

临床表现：病情迁延，面色无华，气短懒言，汗出，肌肉关节困胀，舌质淡，苔白，脉沉细无力。

治法：益气化湿，养血通络。

参考方药：生黄芪、党参、苍术、茯苓、山药、当归、白芍、威灵仙、鸡血藤、生薏米、白术、甘草。

加减：腰痛重者加杜仲、续断、骨碎补；肢体关节肿痛者加乌梢蛇、松节、泽泻；盗汗、五心烦热者加生地；畏寒重者加巴戟天。

外治法：在局部疼痛部位，可进行针灸、熏蒸、热奄包及塌渍等方法治疗。

（三）预后

急性期病例经上述规范治疗后多可治愈，部分病例治疗不及时或不规范可转为慢性。

布病血清学检测结果不作为疗效判定标准。

二、动物布鲁氏菌病的预防与控制

布鲁氏菌病的传播机会较多，在防控技术上，必须采取综合性防控措施，早期发现病畜，彻底消灭传染源和切断传播途径，防止疫情扩散。

（一）无病地区的预防措施

（1）坚持自繁自养，必须引进时从无布病地区引进并进行严格检疫，阻止带菌动物被引进无病地区。

（2）不从疫区引进可能被病畜污染的饲草、饲料和动物产品。

（3）尽量减少动物群的移动，防止疫区动物进入。

（4）对畜群进行定期检疫和疾病监测。

（5）畜群发生原因不明的流产时，应立即隔离病畜，对被流产物污染的环境和用具进行彻底消毒，对流产胎儿和母畜进行血清学检验，若为布鲁氏菌病阳性，则按病畜处理。

（二）污染地区的防疫措施

我国对污染地区采取的防疫措施为牛、羊、猪以免疫措施为主；乳用畜、种畜以检疫净化措施为主。

1. 检疫净化

对种畜、奶牛、奶羊进行定期检疫。检疫发现带菌畜和病畜，进行隔离和淘汰等手段，血检阳性牛、羊，及时淘汰处理，其他隔离饲养、专人饲养，避免与健康牛、羊接触，继续利用，逐步淘汰，直至全群均为阴性。病畜较少地区须屠宰病畜，彻底清除病畜，是消灭传染源最有效的措施。

2. 培养健康畜群

母牛可用健康种公牛的精液人工授精。母牛产前、产后要对母牛体躯和产房环境进行彻底消毒。犊牛出生后，与母牛隔离，喂健康牛乳或消毒乳。1 年内检疫 2~3 次，若检疫均为阴性，则可送入健康牛群饲养；若为阳性，则应淘汰。羊群要进行 1~2 次检疫，及时淘汰阳性羊，逐步达到羊群净化的目的。

3. 消灭传染源，切断传播途径

（1）杜绝污染群、病畜群与清净地区的畜群接触。加强消毒和兽医卫生措施，平时对牛舍、运动场、饲槽、水槽、奶具和管理用具定期消毒。人员往来、工具使用、牧区划分和水源管理等必须严加控制。

（2）购入新畜时，应选自非疫区；虽为阴性反应的动物，也应隔离观察 2~3 个月后方可混群。

（3）因布鲁氏菌病流产的牲畜，除立即隔离处理外，所有流产物、胎儿等应深埋或烧毁。对污染的环境、用具均应彻底消毒（屠宰处理病畜所造成的污染同样处理），地面可用 10%漂白粉乳剂、20%石灰乳或 5%灶灰乳，大量浸透消毒，棚舍可用 3%来苏儿喷洒消毒。病畜的肉、乳采取加热消毒方法处理，皮、毛在自然干燥条件下存放 3~4 个月，使布鲁氏菌自然死亡。病畜的粪便，应堆放在安全地带，用泥土封盖，发酵后利用。布鲁氏菌病疫区畜产品的处理：乳及乳制品一般用巴氏消毒灭菌，或经煮沸处理。尽量在屠宰车间宰病畜，工作后所有用具及车间要适当消毒处理。小量牲畜皮毛应用来苏儿或新洁尔灭消毒，大量皮毛可用药物熏蒸，或自然存放 4 个月以上，以达到自然净化的目的。

4. 保护易感者

（1）接触是感染布鲁氏菌病的主要途径，所以有关企业职工，如屠宰场、肉联厂、牛奶场的工人以及疫区牧工护理流产母畜时，要根据工作性质加强个人防护，如穿工作服、胶靴、围裙，戴帽子、口罩和胶手套等。工作后要煮沸消毒各种物品，或经 3%来苏儿处理 3~5 min 使用。在绒毛、毛纺厂等有关车间，要安装吸尘器，避免职工经呼吸道感染。

（2）畜间以免疫为主。

① 牛种布鲁氏菌 A19 活疫苗。牛种布鲁氏菌 A19 菌种于 1923 年由美国自牛奶中分离，原毒力很强，在室温保存多年后，其毒力自行变弱，成为一株毒力稳定的弱毒菌种，1940 年后就在我国推广应用。在布鲁氏菌病流行比较严重的地区和牛群，一般多采用菌苗接种的办法防治布病。国内外常用的牛种布鲁氏菌 A19 菌株活疫苗对牛的免疫效力较好。在国外，本菌苗仅用来接种犊牛，成年牛不接种。本菌苗的优点是免疫力保持时间长。给 3~8 月龄的犊牛接种 1 次，配种前 2~3 个月再接种 1 次，至第6~7 胎怀孕期，免疫力无明显下降。该疫苗对牛免疫效力较好。怀孕牛和配种前 1 个月内的母牛不能接种。

布鲁氏菌病活疫苗（A19−ΔVirB12 株），用于预防牛布鲁氏菌病，仅用于健康动物，最好是 3~8 月龄牛，不能用于孕畜及种公畜。皮下注射，免疫后 15~180 d 采用 ELISA（VirB12）方法可区分疫苗免疫和野毒感染动物，免疫期为 12 个月。

② 羊种布鲁氏菌 M5 菌株弱毒活疫苗。羊种布鲁氏菌 M5 菌株是 1962 年由中国农业科学院哈尔滨兽医研究所用羊种强毒菌，通过鸡体连续传代培育出的一株弱毒菌种。本菌苗的特点为免疫原性好，残余毒力弱，皮下注射，被接种动物的血清凝集素消失快。对牛、羊、鹿均有很好的免疫力，对猪免疫无效。山羊的保护率平均为 92.68%。绵羊的保护率为94.03%，2 年半免疫期的保护率为 85.69%。对牛的保护率为 83.34%，14 个月仍有 80%的保护率。鹿皮下与口服免疫 1 年的保护率为 66.7%~75%。家畜在配种前 1~2 个月免疫为宜，但孕畜不能进行接种。

布鲁氏菌病活疫苗（M5−90Δ26 株），用于预防羊布鲁氏菌病，免疫期 12 个月。腿部皮下注射，用于3 月龄以上羊，最好给配种前 2 个月的羊接种。妊娠期母畜和公畜禁用。免疫后15~180 d，可用布鲁氏菌 ELISA 试剂（bp26−ielisa）方法区分疫苗免疫和野毒感染动物。

③ 猪种布鲁氏菌 S2 活疫苗是由中国兽药监察所 1953 年从进口猪种的流产胎儿中分离出来，在人工培养基上移植 7 年后变成弱毒株的。作为弱毒活菌苗具有使用范围广和使用方便的特点。可供猪、牛、牦牛、山羊和绵羊等多种动物免疫使用，可以使用皮下注射、肌肉注射、口服免疫多种方法接种。最适宜做口服接种，使用方便，对绵羊的保护率为 80%、对山羊的保护率为80.3%、牛的保护率为 61.4%。注射法不能用于牛、孕畜及小尾寒羊的免疫。

④ 布鲁氏菌病活疫苗（ Rev.1 株），含羊种布鲁氏菌弱毒 Rev.1 株，用于预防羊布鲁氏菌病，免疫期为 36 个月，点眼，为 WOAH 推荐使用的布鲁氏菌病毒株，用于 3~6 月龄和配种前的羊，孕羊禁用。点眼免疫对人相对安全，但在使用时必须严格操作。

⑤ 布鲁氏菌病活疫苗（BA0711 株），源于牛群的羊种布鲁氏菌优势流行菌株，经基因改造，敲除毒力及相关调控基因，丧失对健康动物的致病性，孕畜可免，适用于不同年龄、性别的牛和羊布鲁氏菌病免疫，皮下注射，免疫保护期12 个月，无乳汁排菌，缺失 cspa 基因，病原学和血清学可鉴别疫苗免疫和野毒感染动物。

（3）免疫接种的相关事项。

① 免疫时间：选择适宜时间。尽可能避开炎热天气、高温季节、刮风天气，以及怀孕、分娩高峰期。

② 人员要求：掌握布病危害，熟悉防控、应急处置等专业知识，熟练操作。现场人员（保定人员、免疫人员、畜主、饲养员等）应站在上风向或动物侧面。

③ 动物要求：接种前、后 3 d 内禁止使用抗生素。可用保定绳或保定栏保定，使其不能随意移动。

④ 免疫器械及消毒：口服使用已消过毒的专用全封闭式投药器或连续注射投药枪，注射使用一次性注射器或连续注射器，腿部内侧或颈部两侧皮下注射。1 畜 1 针头或 1 畜 1 消毒。

⑤ 疫苗使用：全程冷链运输保存。严格按说明书要求配制、稀释和使用。

疫苗开启后，限当日用完。

⑥ 应急处置：应激反应处置，免疫后动物出现体温升高、饮食欲减退等应激反应，一般无须处理，在 3 d 内可自行恢复正常；严重者可注射肾上腺素、地塞米松等药物，并采取辅助治疗措施。

（三）布鲁氏菌病监测

进行布病监测首先应收集当地自然、社会人文情况，以及家畜种类、流动和既往布鲁氏菌病疫情等资料。组织人、兽医力量，定期进行人、畜间的布鲁氏菌病检疫与人、畜免疫水平测定。

根据各方面资料进行统计分析，从而对布鲁氏菌病疫情发展作出初步判断，以便及时采取相应措施。

同时，由于近年来国内外注意到布鲁氏菌病自然疫源性问题，我国在部分野生动物中已开始进行有限数量地调查，并发现布鲁氏菌病血清呈阳性的野生动物。从少数野生动物中也分离到布鲁氏菌。鉴于此，在进行布病监测时，亦应对某些野生动物进行监测。

（四）治疗

一般采用淘汰病畜来防止布病流行和扩散，不做治疗。对价值昂贵的种畜，可在隔离条件下进行治疗。对流产伴发子宫内膜炎的母畜，可用 0.1%高锰酸钾溶液冲洗阴道和子宫，每天早、晚各 1 次。必要时可用磺胺、四环素、土霉素和链霉菌等治疗。

（五）疫情处置

1. 疫情报告

按照《布鲁氏菌病防治技术规范》要求，实行非疫区以监测为主；稳定控制区以监测净化为主；控制区和疫区实行监测、扑杀和免疫相结合的综合防治措施。

（1）报告程序。任何从事动物疫情监测、检疫、研究、诊疗，动物饲养、屠宰、经营、运输的单位和个人，发现动物感染布鲁氏菌病或疑似染疫的，应向当地兽医主管部门、动物卫生监督机构、动物疾控机构报告，并采取隔离措施，防止疫情扩散。接到报告后，兽医主管部门应立即派专业技术人员赶赴现场调查核实。确认后，及时将情况逐级上报农业农村部，并同时上报当地人民政府。兽医主管部门应及时通报同级卫生主管部门。

（2）报告内容。疫情发生的时间、地点，染疫或疑似动物种类、数量、同群动物数量、免疫情况、死亡数量、临床症状、病理变化、诊断情况、流调和疫源追踪情况、采取的措施、报告单位、负责人、报告联系人及联系方式。

（3）疫情认定。由县级动物疾控机构对疫情确诊，必要时由省级疾控机构确诊。省、自治区、直辖市人民政府兽医主管部门根据情况进行布鲁氏菌病疫情认定。

（4）疫情发布。国务院兽医主管部门负责向社会及时公布全国布鲁氏菌病疫情。

2. 疫情处置

（1）疑似患病动物的隔离。疑似患病动物隔离到规定的区域饲养，并限制其移动。

（2）患病动物的处置。

① 扑杀和无害化处理。患病动物全部扑杀，患病动物及其流产胎儿、胎衣、排泄物、乳、乳制品等按照《畜禽病害肉尸及其产品无害化处理规程》进行无害化处理。

② 隔离。对受威胁的畜群（病畜的同群畜）实施隔离，可采用圈养和固定草场放牧 2 种方式隔离。隔离饲养用草场，不要靠近交通要道、居民点或人畜密集的地区。场地周围最好有自然屏障或人工栅栏。

③ 消毒。对被患病动物污染的场所、用具、物品严格进行消毒；饲养场的金属设施、设备可采取火烧、熏蒸等方式消毒；养畜圈舍、场地车辆等，可用有效消毒药消毒；饲养场饲料、垫草等可采取深埋、堆积发酵或焚烧等方法处理；粪便消毒采取堆积密封发酵方式；皮毛消毒采用熏蒸等方法。

④ 流调及检测。发现疫情时，首先开展流行病学调查和疫源追踪，其次对同群动物（未免疫布鲁氏菌病疫苗的动物）进行检测。

⑤ 紧急免疫。根据布鲁氏菌病情况和畜群受威胁程度，兽医部门可对受威胁的易感动物实施紧急免疫。

⑥ 人员防护。疫情处置人员必须穿工作服、胶靴，戴手套、口罩、目镜等。工作结束后，及时清洗消毒。

第八节 防控策略

一、分区防控

在全国范围内，种畜禁止免疫，实施监测净化；奶畜原则上不免疫，实施检测和扑杀为主的措施。按照畜间和人间布鲁氏菌病发生和流行的程度，考虑家畜流动以及布鲁氏菌病防治整片推进的实际情况，将全国划分为一类地区、二类地区和净化区 3 个区域，对布鲁氏菌病实行区域化管理。一类地区，人间报告发病率超过 1/10 万或畜间疫情未控制县数占总县数 30%以上的省份，以免疫和检疫为主；二类地区，本地区有新发人间病例且报告发病率低于或等于 1/10 万，或畜间疫情未控制县数占总县数 30%以下的省份，以监测和扑杀为主；净化区以监测和无疫认证为主。

二、防控措施

（一）监测与流行病学调查

定期开展血清学检测、乳样检测、临床症状观察、病原学监测与流行病学调查，发现布鲁氏菌病阳性病畜按照规定进行扑杀和无害化处理。

（二）免疫接种

布鲁氏菌的免疫工作要在监测与流行病学调查、布鲁氏菌病基线调查的基础上科学开展，同时建立健全布鲁氏菌病免疫档案。

奶畜免疫接种原则：一类地区奶畜原则上不免疫。二类地区和净化区奶畜禁止免疫。

其他牛、羊免疫接种原则：一类地区对牛、羊场群采取全面免疫措施，对个体检测阳性率低于2%或群体检测阳性率低于5%的区域，可采取非免疫的监测净化措施。二类地区牛、羊原则上禁止免疫。净化区的牛、羊禁止免疫，通过监测净化，维持无疫状态，发现阳性个体及时扑杀。

（三）检疫和移动控制

布鲁氏菌病防控要加强传染源管理。各级动物卫生监督机构要加强产地检疫、流通监管、屠宰检疫等监督检查力度，强化动物移动控制，严格限制活畜从高风险地区向低风险地区流动。一类地区免疫牛、羊，在免疫45 d后可以凭产地检疫证明在一类地区跨省流通。二类地区免疫场群的牛、羊禁止转场饲养。净化区牛、羊凭产地检疫证明跨省流通。牛、羊活畜跨省流通必须持有产地检疫合格证明及实验室检测报告。

（四）诊断和报告

动物疫病预防控制机构按照《布鲁氏菌病防治技术规范》规定开展牛、羊布鲁氏菌病诊断。从事牛、羊饲养、屠宰、经营、隔离和运输，以及从事布鲁氏菌病防治相关活动的单位和个人，发现牛、羊感染布鲁氏菌病或出现早产、流产症状等疑似感染布鲁氏菌病的，应该立即向当地畜牧兽医主管部门、动物卫生监督机构及动物疫病预防控制机构报告，并采取隔离、消毒等防控措施。

（五）扑杀及无害化处理

因为布鲁氏菌病较难治愈，而且治疗期间仍有成为传染源的可能，家畜患布鲁氏菌病原则上不采取治疗措施。各地畜牧兽医部门按照《布鲁氏菌病防治技术规范》规定对感染布鲁氏菌病的牛、羊进行扑杀。二类和三类地区，必要时可扑杀同群畜。同时，按照《病死及病害动物无害化处理技术规范》规定，对病畜尸体及其流产胎儿、胎衣和排泄物、乳、乳制品等进行无害化处理，对被污染的场地、工具等严格消毒，以消灭传染源，切断传播途径。

（六）消毒

布鲁氏菌的环境抵抗力并不强，科学合理使用常用消毒剂即可达到消毒目的。对于牛、羊养殖场户要做到科学养殖、规范屠宰，严格区分养殖区与生活区，按时清理粪便，保持圈舍清洁卫生、通风和干燥，定期使用10%石灰乳或漂白粉消毒圈舍、地面，无害化处理病畜及其流产物。

（七）净化

人类感染布鲁氏菌病的主要传染源是感染的动物和受污染的畜产品，在人群中传播的可能性很小，因此要杜绝人类感染布鲁氏菌病，只能通过控制和净化动物布鲁氏菌病。

动物布鲁氏菌病的净化工作是一项大工程，需要足够的资金、人力、物力投入等支撑条件，各级有关部门应积极鼓励引导有条件的养殖企业开展牛、羊布鲁氏菌病净化工作，做好政策和技术指导。

（八）强化宣传和培训

加强对从业人员的宣传和培训，充分利用各类媒体，加大动物疫病强制免疫政策的宣传力度，提升养殖者的自主免疫意识，提高科学养殖和防疫水平，科学开展免疫，做好个人防护。

第九节　公共卫生影响

人类可感染布鲁氏菌病，患病的牛、羊、猪、犬是主要传染源。传染途径是食入、吸入或皮肤和黏膜伤口接触，动物流产和分娩之际是感染机会最多的时期。

人类布鲁氏菌病的流行特点是患病与职业有密切关系，凡是与病畜、染菌畜产品接触多的，如畜牧兽医人员、屠宰工人、皮毛工等，其感染和发病率显著高于其他职业。一般来说，牧区感染率高于农区，农村高于城镇，主要原因是与生产、生活特点，家畜数量以及人们的活动有关。布病虽然一年四季各月均有发生，但有明显季节性。夏季由于剪羊毛、挤奶，有吃生奶者，可出现一个小的发病高峰。人对布鲁氏菌的易感性，主要取决于接触传染机会的多与少，与年龄、性别关系不明显。羊种布鲁氏菌对人有较强的侵袭力和致病性，易引起暴发流行，疫情重，且大多数出现典型临床症状；牛种布鲁氏菌病疫区，感染率高而发病率低，呈散在发病；猪种布鲁氏菌病疫区，人间发病情况介于羊种和牛种之间。

第二章　布鲁氏菌病技术篇

第一节　样品采集与运输

一、样品采集

（一）人员防护与分工

（1）参与样品采集的所有人员进入采样点前，应穿防护服、戴口罩和手套等，做好自身防护。手套戴 2 层，先戴 PE 手套，后戴丁腈手套。采样过程中若出现手套破损，应立即更换新手套。

（2）采样完成后，先脱去被污染的丁腈手套，再依次脱去鞋套、防护服、帽子、口罩，所有用品均置于医疗废弃物垃圾袋，再脱去 PE 手套，最后仔细洗手消毒。

（3）为避免采样过程污染采样单，采样时最好由 2~3 名采样人员完成，1 名负责采样操作，1 名负责记录采样单，1 名负责配合采样操作时的用具、用品传递以及保定活畜或尸体等工作。

（二）采样操作

（1）选择合适的标本。通常可以选择血液、组织、分泌物或排泄物等作为采集样品。根据需要，可以选择不同部位和不同时间点的样品。

（2）采集器械消毒。使用前确保采集器械已经进行充分的消毒，以避免交叉污染。

（3）采集血液样品。通过静脉或者耳尖采血等方式采集动物的血液样品。采集时要避免污染和减少动物的不适。

（4）采集组织样品。根据需要，选择合适的组织进行采集，如肌肉、躯干等。采集时要避免过度损伤和污染，每份样品单独保存于自封袋中并标记样品种类。

（5）采集分泌物或排泄物样品。动物的唾液、尿液、粪便等样品，可以使用无菌容器采集或使用拭子采集，保存于预装有 PBS 缓冲液的离心管中并标记。

（6）应规范填写采样单，明确采样时间、地点、样品种类、数量等。避免被样品污染，可单独保存在自封袋中。

二、样品保存和运输

采集样品后，要尽快将其存放在放有冰袋的冷藏采样箱中，注意低温、避光，及时送往实验室进行检测。用于细菌分离的样品不可冷冻保存，可暂时冷藏并尽快分离培养。若未使用专用的冷藏采样箱或需要寄送样品，可选用大小合适的泡沫箱代替。包装应符合国标 GB/T 18088−2000《出入境动物检疫采样》的具体要求，保证包装完好无损、无泄露等。

第二节　细菌培养与鉴定

分离布鲁氏菌仍然被认为是诊断布鲁氏菌病的“金标准”。根据临床症状选择样本，包括流产胎儿、胎膜、阴道分泌物、牛奶、乳房组织、乳腺和生殖器淋巴管等。人类可以从血液、尿液和脑脊液中分离。将样品接种于布鲁氏菌选择琼脂上观察菌落生长情况，再根据菌落形态、革兰氏染色、氧化酶试验、脲酶和过氧化氢酶试验、硫化氢的产生、抗布鲁氏菌单特异性血清凝集试验、在无二氧化碳条件下的生长情况和碱性品红染料的生长情况等进行生物分型。尽管使用了选择性培养基改进布鲁氏菌的分离和鉴定，并且成功地研发出自动化培养系统，但布鲁氏菌的分离仍然具有挑战性。这个过程用时很长（通常需要

4~7 d 培养以及随后 2 周左右的表型鉴定)，还经常培养失败，且布鲁氏菌属的几个种，如马耳他布鲁氏菌和流产布鲁氏菌可以极低的感染剂量感染动物和人类，对于试验人员存在潜在危险，分离布鲁氏菌只能在适合的生物安全实验室进行。

布鲁氏菌的分离、培养和鉴定主要包括以下步骤。

(1) 样本采集：采集被布鲁氏菌感染的动物的血液、组织或分泌物等样本。采集时要避免污染和减少动物的不适。

(2) 分离布鲁氏菌：将样品在无菌条件下接种到含有适当选择性培养基的琼脂平板上，如布鲁氏琼脂培养基（Brucella agar）或 MacConkey 琼脂培养基。培养条件通常为 37 ℃、5%~10%二氧化碳，培养时间为 48~72 h。

(3) 培养观察：观察琼脂平板上是否有生长的菌落。布鲁氏菌的菌落呈灰白色，圆形或不规则形状。

(4) 纯化：将观察到的细菌菌落进行纯化，通过多次传代分离单一菌种。

(5) 形态观察：使用显微镜观察布鲁氏菌的形态特征，如革兰氏染色（Gram 染色）呈阴性杆菌，大小为 0.4~0.7 μm。

(6) 生理生化鉴定：进行一系列生理和生化实验，如氧化酶（Oxidase）、嗜酸性色素检测等，以确定菌株为布鲁氏菌。

(7) 免疫学鉴定：可进行血清学试验，如血凝试验（Serum agglutination test）、免疫电泳（Immune electrophoresis）等，以检测布鲁氏菌特异性抗原和抗体。

第三节　实验室检测方法

一、虎红平板凝集试验（RBT）

（一）器材

微量移液器、灭菌移液器吸头、牙签或混匀棒、计时器、洁净的玻璃板（划分成 4 cm^2 的方格）。

（二）试剂

商品化的布鲁氏菌虎红平板凝集试验抗原、布鲁氏菌标准阳性血清和布鲁氏菌标准阴性血清。

（三）操作方法

（1）按常规方法采集和分离受检血清。

（2）将受检血清，布鲁氏菌标准阴、阳性血清和抗原从冰箱取出，平衡至室温。

（3）涡旋混匀血清和抗原，分别吸取 25 μL 血清和抗原加于玻璃板 4 cm^2 方格内的两侧。

（4）用灭菌牙签或混匀棒快速混匀血清和抗原，涂成 2 cm 直径的圆形，混匀后 4 min，在自然光下观察。

（5）试验应设标准阴、阳性血清对照。

（四）结果判定

在标准阴性血清不出现凝集、标准阳性血清出现凝集时，试验成立，方可对受检血清进行判定。出现肉眼可见凝集现象者判定为阳性（+），无凝集现象且反应混合液呈均匀粉红色者判定为阴性（–）。

二、乳牛全乳环状试验（MRT）

（一）器材

微量移液器、灭菌移液器吸头、内径为 1 cm 的灭菌试管。

（二）试剂

商品化布鲁氏菌全乳环状试验抗原。

（三）乳样

受检乳样应为新鲜的全乳或混合奶；采乳样时应将乳牛的乳房用温水洗净、擦干，然后将乳汁（前 3 把乳不做检测用）挤入洁净的器皿中。采集的乳样在夏季应于当日检测。

（四）操作方法

（1）将乳样和布鲁氏菌全乳环状试验抗原平衡至室温。

（2）取乳样 1 000 μL，加入灭菌凝集试管内。

（3）取充分振荡混合均匀的布鲁氏菌全乳环状试验抗原 50 μL，加入乳样中充分混匀。

（4）置 37~38 ℃水浴中孵育 60 min。

（5）孵育后取出试管，勿振荡，立即进行判定。

（五）结果判定

（1）强阳性反应（+++）：乳柱上层乳脂形成明显的红色环带，乳柱白色，临界分明。

（2）阳性反应（++）：乳脂层的环带呈红色，但不明显，乳柱略带颜色。

（3）弱阳性反应（+）：乳脂层的环带颜色较浅，但比乳柱颜色略深。

（4）疑似反应（±）：乳脂层的环带颜色不明显，与乳柱分界不清，乳柱不褪色。

（5）阴性反应（−）：乳柱上层无任何变化，乳柱颜色均匀。

三、试管凝集试验（SAT）

（一）微量法

1. 器材

96 孔 U 型聚苯乙烯板、微量移液器、灭菌移液器吸头、塑料薄膜、湿盒、振荡器、适宜的稀释用器皿及温箱（37 ℃±1 ℃）。

2. 试剂

商品化试管凝集试验抗原、布鲁氏菌标准阳性血清、布鲁氏菌标准阴性血清。稀释液为含 0.5%石炭酸的生理盐水（用于检验牛血清时稀释血清和抗原）或含 0.5%石炭酸的 10%氯化钠溶液（用于检验羊血清时稀释血清和抗原）。

3. 操作方法

（1）按常规方法采集和分离受检血清。

（2）受检血清的稀释：

① 以羊血清为例，每份血清用 4 个连续的 U 型孔；

② 在聚苯乙烯反应板的第 1 孔加 184 μL 稀释液；

③ 第 2~4 孔各加入 100 μL 稀释液；

④ 用微量移液器取受检血清 16 μL，加入第 1 孔并混匀；

⑤ 从第 1 孔吸取 100 μL 混合液加入第 2 孔并充分混匀，如此倍比稀释至第 4 孔，从第 4 孔弃去混合液 100 μL；

⑥ 稀释完毕，第 1~4 孔的血清稀释度分别为 1∶12.5、1∶25、1∶50 和 1∶100。

牛血清稀释法与上述方法基本一致，差异是第 1 孔加 192 μL 稀释液和 8 μL 受检血清，其稀释度分别为 1∶25、1∶50、1∶100 和 1∶200。

（3）分别取按说明书要求稀释的抗原 100 μL 加入上述各孔稀释好的血清中，振荡混匀。羊的血清稀释度则依次变为 1∶25、1∶50、1∶100 和 1∶200，牛的血清稀释度则依次变为 1∶50、1∶100、1∶200 和 1∶400。

（4）将加完样的聚苯乙烯反应板各孔用塑料薄膜严密封盖后放入湿盒内，置于温箱（37 ℃±1 ℃）孵育 18~24 h，取出检查并记录结果。

（5）每次试验均应设阳性血清对照、阴性血清对照和抗原对照。

① 阴性血清对照：冻干阴性血清按说明书要求稀释到规定容量后，对照实验中稀释和加抗原的方法与受检血清相同。

② 阳性血清对照：冻干阳性血清按说明书要求稀释到规定容量后，对照实验中稀释和加抗原的方法与受检血清相同。

③ 抗原对照：抗原按说明书要求稀释到规定容量后，取 100 μL，再加 100 μL 稀释液，观察抗原是否有自凝现象。

（6）结果判定及处理。

凝集反应程度：凝集反应程度分 5 个等级，分别记为“++++”“+++”“++”“+”“–”。按以下说明判定。

① ++++：菌体完全凝集，第 1~4 孔凝集物呈伞状均匀铺于孔底。

② +++：菌体几乎完全凝集，第 1~3 孔凝集物呈伞状均匀铺于孔底，第 4 孔孔底呈现白色点状。

③ ++：菌体凝集显著，第 1 孔至第 2 孔凝集物呈伞状均匀铺于孔底，第3~4 孔孔底呈现白色点状。

④ +：凝集物有沉淀，第 1 孔凝集物呈伞状均匀铺于孔底，第 2~4 孔孔底呈现白色点状。

⑤ –：无凝集，第 1~4 孔孔底呈现白色点状。

结果判定：当阳性血清出现完全凝集（++++）、而阴性血清无凝集（–）、抗原对照无自凝（–）现象时，试验成立。按以下对试验结果判定：

① 受检血清出现“++”及以上凝集现象时，判定为阳性。

② 受检血清出现“+”凝集现象时，判定为可疑。

③ 受检血清出现“–”时，判定为阴性。

结果处理：试验结果可疑的牛、羊经 30 d 后采血重检，如果仍为可疑，该家畜判为阳性。

（二）常量法

1. 器材

玻璃试管、试管架、移液器、灭菌移液器吸头及温箱（37 ℃±1 ℃）。

2. 试剂

商品化布鲁氏菌试管凝集试验抗原、布鲁氏菌标准阳性血清和布鲁氏菌标准阴性血清。稀释液为含 0.5%石炭酸的生理盐水和（或）含 0.5%石炭酸的10%氯化钠溶液（用于检验羊血清时稀释血清和抗原）。

3. 操作方法

（1）按常规方法采集和分离受检血清。

（2）受检血清的稀释：

① 以羊和猪血清为例，每份血清用 4 支凝集试管；

② 第 1 管标记检验编码后加 920 μL 稀释液；

③第 2~4 管各加入 500 μL 稀释液；

④ 然后取受检血清 80 μL，加入第 1 管，并混合均匀；

⑤ 取 500 μL 混合液加入第 2 管并充分混匀，如此倍比稀释至第 4 管，从第 4 管弃去混匀液 500 μL；

⑥ 稀释完毕，第 1~4 管的血清稀释度分别为 1∶12.5、1∶25、1∶50 和 1∶100。

牛、马、鹿、骆驼血清稀释法与上述方法基本一致，差异是第 1 管加 960 μL 稀释液和 40 μL 受检血清，其稀释度分别为 1∶25、1∶50、1∶100 和 1∶200。

（3）将按说明书要求稀释的抗原液 500 μL 分别加入已稀释好的各管血清中，振摇均匀。羊和猪的血清稀释度则依次变为 1∶25、1∶50、1∶100 和 1∶200，牛、马和骆驼的血清稀释度则依次变为1∶50、1∶100、1∶200 和 1∶400。

大规模检疫时也可只用 2 个血清稀释度（加抗原后的终稀释度），即牛、马、鹿、骆驼用 1∶50 和 1∶100，猪、山羊、绵羊、犬用 1∶25 和 1∶50。

（4）每次试验均应设阳性血清、阴性血清和抗原对照。

① 阴性血清对照：冻干阴性血清按说明书要求稀释到规定容量后，对照试验中稀释和加抗原的方法与受检血清相同。

② 阳性血清对照：冻干阳性血清按说明书要求稀释到规定容量后，对照试验中稀释和加抗原的方法与受检血清相同。

③ 抗原对照：按说明书要求稀释抗原液 500 μL，再加 500 μL 稀释液，观察抗原是否有自凝现象。

（5）将加样后的试管置于温箱（37 ℃±1 ℃）孵育 18~24 h，取出检查并记录结果。

（6）结果判定及处理。

凝集反应程度：应根据参照比浊管来判读，分别记为“++++”“+++”“++”“+”“−”。按以下说明判定。

① ++++：菌体完全凝集，100%下沉，上层液体 100%清亮。

② +++：菌体几乎完全凝集，上层液体 75%清亮。

③ ++：菌体凝集显著，上层液体 50%清亮。

④ +：有凝集物沉淀，上层液体 25%清亮。

⑤ −：无凝集物，液体均匀混浊。

结果判定：当阳性对照血清出现完全凝集（++++）、阴性对照血清无凝集（−）、抗原对照无自凝（−）现象时，试验成立。可对结果进行如下判定：

① 牛、马、鹿和骆驼 1∶100 血清稀释度，猪、山羊、绵羊和犬 1∶50 血清稀释度，出现“++”及以上凝集现象时，判定为阳性。

② 牛、马、鹿、骆驼 1∶50 血清稀释度，猪、山羊、绵羊和犬 1∶25 血清稀释度，出现“++”以上凝集现象时，判定为可疑。

结果处理：试验结果可疑的家畜经 30 d 后采血重检，如果仍为可疑，该牛、羊判为阳性。猪和马经重检仍保持可疑水平，而农场的牲畜没有临床症状和大批阳性患畜出现，该畜判为阴性。

猪血清偶有非特异性反应，应结合流行病学调查判定，必要时配合补体结合试验和鉴别诊断，排除耶森氏菌交叉凝集反应。

四、补体结合试验（CFT）

（一）微量法

1. 器材

96 孔聚苯乙烯板、微量移液器、灭菌移液器吸头、离心机、稀释用器皿、温控范围为 37~38 ℃和 54~64 ℃的水浴锅、计时器。

2. 试剂及其制备

（1）稀释液：巴比妥缓冲液（pH 7.2）。

（2）绵羊红细胞悬液：采成年公绵羊血，按常规方法脱纤、洗涤、离心，用稀释液洗涤至上清无色为止，最后 1 次以 2 000 r/min 离心沉淀 10 min，取下沉的红细胞沉积物，以稀释液配制成 2.5%红细胞悬液（2.5 mL/100 mL）。

（3）商品化布鲁氏菌补体结合试验抗原、布鲁氏菌标准阳性血清、布鲁氏菌标准阴性血清：在有效期内按说明书要求稀释，稀释前须振荡混匀。

（4）商品化溶血素：在有效期内根据标示效价使用，对每批次溶血素都须进行效价测定。将 100%溶血的最高稀释度所用溶血素作为 1 个单位溶血素工作效价，试验中用 2 倍溶血素工作效价。

（5）商品化冻干补体：除使用商品化冻干补体外，也可使用新鲜豚鼠血清作为补体。1 个单位体积的标准红细胞悬液中 50%红细胞发生溶解的补体量为 1 个补体单位，试验中用 6 倍补体工作效价。

3. 操作方法

（1）受检血清的前处理：按常规方法采集、分离和灭能受检血清。

（2）血清样品稀释：96 孔板第 1~2 排作为血清抗补体对照，血清稀释度为 1/2，1/4；第 3~8 排血清样品稀释度分别为 1/2、1/4、1/8、1/16、1/32、1/64。按如下步骤操作。

① 第 1 排每孔分别加 50 μL 稀释液，第 2、4、5、6、7、8 排每孔分别加稀释液25 μL；

② 第 1 排每孔加 50 μL 灭能血清，混匀后吸取 25 μL 加入其后的第 2 排孔，混匀后弃去 25 μL；

③ 从第 1 排孔混匀液体中先后各吸取 25 μL 分别加入同列的第 3~4 排孔，混匀；

④ 从第 4 排起倍比稀释，即从第 1 排孔吸取液体 25 μL 到同列第 5 排孔，混匀，以此类推到第 8 排；

⑤ 第 8 排孔吸取 25 μL 液体弃去。

（3）加抗原：除第 1、2 排外，上述每孔分别加工作量抗原 25 μL。

（4）加补体：上述每孔分别加工作量补体 25 μL，轻轻混匀，置于 4 ℃孵育过夜或37 ℃孵育 30 min。

（5）制备致敏红细胞：将 2.5%红细胞及溶血素等体积混匀至室温 20 min。

（6）复温孵育：将孵育过夜的 96 孔板从冰箱中取出，置于 37 ℃孵育 10 min。

（7）加致敏红细胞：上述每孔加入 50 μL 致敏红细胞，轻轻混匀，37 ℃孵育30 min。

（8）细胞沉降：室温 300 g 离心 5~10 min，或者 4 ℃放置 2~3 h 让细胞自然沉降，观察判定。

（9）设立对照及主试验各要素的添加：每次试验须设阳性血清、阴性血清、抗原、致敏红细胞和补体对照。主试验各要素添加量和顺序如表 2-1 所示。

表 2-1　布鲁氏菌病补体结合试验的主试验

<table>
<tr><th>血清</th><th>受检血清</th><th>受检血清抗补体对照</th><th>阳性血清</th><th>阳性血清抗补体对照</th><th>阴性血清</th><th>阴性血清抗补体对照</th><th colspan="3">对照管</th></tr>
<tr><td>血清稀释度</td><td>1/2~1/64</td><td>1/2~1/4</td><td>1/2~1/64</td><td>1/2~1/7</td><td>1/2~1/64</td><td>1/2~1/4</td><td>抗原</td><td>致敏红细胞</td><td>补体</td></tr>
<tr><td>血清加入量/μL</td><td>25</td><td>25</td><td>25</td><td>25</td><td>25</td><td>25</td><td>0</td><td>0</td><td>0</td></tr>
<tr><td>稀释液/μL</td><td>0</td><td>25</td><td>0</td><td>25</td><td>0</td><td>25</td><td>25</td><td>75</td><td>50</td></tr>
<tr><td>抗原/μL</td><td>25</td><td>0</td><td>25</td><td>0</td><td>25</td><td>0</td><td>25</td><td>0</td><td>0</td></tr>
<tr><td>工作量补体/μL</td><td>25</td><td>25</td><td>25</td><td>25</td><td>25</td><td>25</td><td>25</td><td>0</td><td>25</td></tr>
<tr><td colspan="10">轻轻混匀后，置于 37 ℃孵育 30 min 或 4 ℃孵育过夜（以 4 ℃孵育过夜为例）</td></tr>
<tr><td colspan="10">第 2 天，制备致敏红细胞，将提前配好的 2.5%红细胞和溶血素（分别储存在冰箱中）等体积混匀，置室温 10 min</td></tr>
<tr><td colspan="10">10 min 后，将 96 孔板从 4 ℃冰箱中取出，置于 37 ℃孵育 10 min（保证致敏红细胞置于室温 20 min）</td></tr>
<tr><td>致敏红细胞</td><td>50</td><td>50</td><td>50</td><td>50</td><td>50</td><td>50</td><td>50</td><td>50</td><td>50</td></tr>
<tr><td colspan="10">轻轻混匀，37 ℃孵育 30 min</td></tr>
<tr><td colspan="10">300 g 室温离心 5~10 min 或 4 ℃放置 2~3 h 让细胞自然沉降</td></tr>
</table>

4. 结果判定

（1）试验成立条件：阴性血清对照、阴性血清抗补体对照、阳性血清抗补体对照、抗原对照和补体对照呈完全溶血反应，致敏红细胞对照呈完全抑制溶血。

（2）上述对照正确无误后即可对受检血清进行判定。受检血清的判定参照溶血标准比色记录结果。

（3）按表 2–2 判定，溶血抑制程度大于等于 20 IU/mL 判为阳性。

表 2–2　微量补体结合试验判定标准

血清稀释度	溶血抑制			
	25%（+）	50%（++）	75%（+++）	100%（++++）
1/2	8.33	10	11.67	13.33
1/4	16.67	20	23.33	26.67
1/8	33.33	40	46.67	53.33
1/16	66.67	80	93.33	106.67
1/32	133.33	160	187	213.33
1/64	266.67	320	373.33	426.67
1/128	533.33	640	746.67	853.33
1/256	1 066.67	1 280	1 493.33	1 706.67
溶血抑制程度大于等于 20 IU/mL 判为阳性				

（二）常量法

1. 器材

内口径 1 cm 玻璃试管、试管架、移液器、灭菌移液器吸头、适宜的稀释用器皿及温控范围为 37~38 ℃和 54~64 ℃的水浴锅。

2. 试剂及其制备

（1）稀释液：0.85%生理盐水。

（2）绵羊红细胞悬液：采成年公绵羊血，按常规方法脱纤、洗涤、离心，用稀释液洗涤至上清无色为止，最后 1 次以 2 000 r/min 离心沉淀 10 min，取下沉的红细胞沉积物，以稀释液配制成 2.5%红细胞悬液（2.5 mL/100 mL）。

（3）标准血清：商品化布鲁氏菌标准阳性血清、布鲁氏菌标准阴性血清。

（4）溶血素：商品化溶血素，在有效期内根据标示效价使用。

（5）补体：除使用商品化冻干补体外，也可使用新鲜豚鼠血清作为补体。

（6）抗原：商品化抗原，在有效期内根据标示效价使用。

3. 操作方法

（1）按常规方法采集和分离受检血清。

（2）将 1∶10 稀释受检血清灭能后，分别加入 2 支玻璃试管，每管 500 μL。

（3）其中 1 管加工作量抗原 500 μL，另 1 管加稀释液 500 μL。

（4）上述 2 管均加工作量补体，每管 500 μL，振荡混匀。

（5）置于 37 ℃水浴 20 min，取出放于室温环境中。每管各加 2 个单位的溶血素 500 μL 和 2.5%红细胞血液 500 μL，充分振荡混匀。

（6）再置于 37 ℃水浴 20 min，之后取出立即进行第 1 次判定。

（7）每次试验应设阳性血清、阴性血清、抗原、溶血素和补体对照。主试验各要素添加量和顺序如表 2–3 所示。

表 2–3 布鲁氏菌病补体结合试验的主试验

单位：μL

血清	被检血清		对照管						
			阳性血清		阴性血清		抗原	溶血素	补体
血清加入量	500	500	500	500	500	500	0	0	0
稀释液	0	500	0	500	0	500	0	1 500	1 500
抗原	500	0	500	0	500	0	1 000	0	0
工作量补体	500	500	500	500	500	500	500	0	500
置于 37~38 ℃水浴 20 min									
二单位溶血素	500	500	500	500	500	500	500	500	0
2.5%红细胞	500	500	500	500	500	500	500	500	500
置于 37~38 ℃水浴 20 min									
判定结果举例	++++	–	++++	–	–	–	–	++++	++++

4. 判定

（1）试验成立条件：第1次判定，不加抗原的阳性血清对照管、不加或加抗原的阴性血清对照管、抗原对照管呈完全溶血反应。初判后静置12 h做第2次判定。第2次判定时，溶血素对照管、补体对照管呈完全抑制溶血。

（2）对照正确无误即可对受检血清进行判定，受检血清加抗原管的判定参照标准比色管记录结果。

（3）结果判定：

① 0~40%溶血判为阳性反应。

② 50%~90%溶血判为可疑反应。

③ 100%溶血判为阴性反应。

牛、羊和猪的补体结合反应判定标准均相同。

五、间接酶联免疫吸附试验（iELISA）

实验室可按下列方法进行实验操作和结果判定，或根据商品化试剂盒进行实验操作和结果判定。

（一）器材

96微孔聚苯乙烯板，单道移液器，多道移液器，灭菌移液器吸头，酶标仪，具备414 nm或405 nm波长的滤光片，旋转振荡器，保湿盒，盖板，洗板机等。

（二）试剂

牛种布鲁氏菌S1119-3株或S99株脂多糖抗原、商品化酶标多克隆抗体（兔抗牛或兔抗羊）或酶标单克隆抗体、商品化布鲁氏菌标准阳性血清和标准阴性血清、抗原包被缓冲液：0.05 mol/L的pH 9.6碳酸盐/碳酸氢盐缓冲体系、稀释缓冲液（用于稀释酶标抗体和血清）：0.01 mol/L的pH 7.2磷酸盐缓冲体系PBST1、洗涤缓冲液：0.01 mol/L的pH 7.2磷酸盐缓冲体系PBST2、底物溶液：3%过氧化氢溶液、底物缓冲液：pH 4.5柠檬酸缓冲液、显色液：0.16 mol/L ABTS［2，2-二氮-双（3-乙基苯并噻唑-6-磺酸）］溶液、终止液：0.5 mol/L

叠氮化钠。

（三）操作方法

（1）所有待检血清和对照血清吸取 25 μL 加至 1 mL 血清稀释液中，做 1/40 初始稀释。

（2）取包被酶标板，每孔加入 80 μL 稀释液。

（3）在第 1~10 列的各孔分别加入 20 μL 初始稀释的待检血清（终稀释度为 1/200），在第 11 列的各孔分别加入 20 μL 初始稀释的阳性对照血清，在第 12 列的前 7 个孔分别加入 20 μL 初始稀释的阴性对照血清，第 12 列的最后 1 孔不加入稀释缓冲液，做空白对照。

（4）酶标板加盖，在旋转振荡器上室温孵育 30 min（或 30 ℃静置 1 h）。

（5）甩出微孔中的液体，用洗涤液润洗 5 次，在吸水纸巾上反复拍打酶标板，确保酶标板各孔内无残留液体。

（6）每孔加入 100 μL 用稀释液稀释至工作浓度的酶标抗体结合物溶液，加盖在旋转振荡器上室温孵育 30 min（或 30 ℃静置 1 h）。

（7）按（5）进行洗涤。

（8）每孔加入 100 μL 配制好的底物显色混合液，在旋转振荡器上室温孵育 10~15 min。

（9）每孔加入 100 μL 终止液。用吸水纸巾吸去酶标板底部的水珠，在酶标仪 405 nm 测定吸光度（OD）值。

（四）结果判定

1. 实验成立的条件

（1）空白对照孔的 OD 值和 7 个阴性对照孔的平均 OD 值应小于 0.100，8 个阳性孔的平均 OD 值应大于 0.700。

（2）结合率应大于等于 10，结合率=8 个阳性对照孔平均 OD 值/7 个阴性对照孔平均 OD 值。

2. 结果判定

8 个阳性对照孔的平均 OD 值×10%为阴阳性的临界值。待检血清的 OD 值大于等于临界值判为阳性，待检血清的 OD 值小于临界值判为阴性。

六、竞争酶联免疫吸附试验（cELISA）

实验室可按下列方法进行实验操作和结果判定，或根据商品化试剂盒进行实验操作和结果判定。

（一）器材

96 微孔聚苯乙烯板，单道移液器，多道移液器，灭菌移液器吸头，酶标仪，具备 450 nm 波长的滤光片，微量振荡器，旋转振荡器，保湿盒，盖板，洗板机等。

（二）试剂

牛种布鲁氏菌 S1119−3 株或羊种 16M（M 表位）脂多糖抗原、酶标单克隆抗体、商品化布鲁氏菌标准阳性血清和标准阴性血清、稀释缓冲液（用于稀释结合物）：0.01 mol/L 的 pH 7.2 磷酸盐缓冲体系（PBST1）、洗涤缓冲液：0.01 mol/L 的磷酸盐缓冲体系（PBST2）、底物显色液：邻苯二胺（OPD）与过氧化氢混合溶液、终止液：0.5 mol/L 柠檬酸溶液。

（三）操作方法（以检测牛血清为例）

（1）取包被酶标板，在第 1~10 列每孔加入 20 μL 待检血清，在 A11、A12、B11、B12、C11、C12 各孔各加入 20 μL 阴性血清，在 F11、F12、G11、G12、H11、H12 各孔各加入 20 μL 阳性血清，在 D11、D12、E11、E12 各孔不加入稀释缓冲液，留作酶标结合物对照。

（2）酶标板每孔加入稀释至工作浓度的酶标单克隆抗体 100 μL。

（3）将酶标板放到微量振荡器上振摇 2 min，加盖在旋转振荡器上（160 次/min）室温孵育 30 min。

（4）甩出微孔中的液体，用洗涤液润洗 5 次，在吸水纸巾上反复拍打酶标板，确保酶标板各孔内无残留液体。

（5）每孔加入100 μL 现配的底物显色液，室温孵育 10~15 min。

（6）每孔加入 100 μL 终止液。用吸水纸巾吸去酶标板底部的水珠，在酶标仪 450 nm 测定吸光度（OD）值。

（四）结果判定

1. 实验成立的条件

（1）6 个阴性对照孔的平均 OD 值应大于 0.700，6 个阳性对照孔的平均 OD 值应小于 0.100，4 个酶标结合物对照孔的 OD 值应大于 0.700。

（2）结合率应大于 10，结合率=6 个阴性对照孔的平均 OD 值/6 个阳性对照孔的平均 OD 值。

2. 结果判定

4 个酶标结合物对照孔的平均 OD 值×60%为阴阳性的临界值。待检血清的 OD 值小于等于临界值判为阳性，待检血清的 OD 值大于临界值判为阴性。

七、布鲁氏菌 Bruce-Ladder 检测方法

（一）布鲁氏菌 DNA 的制备

从平板上选择单个菌落，用灭菌接种环取 1 环菌，接种到 200 μL 生理盐水中，煮沸 30 min，12 000 g 离心 30 s，取 1 μL 上清液作为 DNA 模板用于 PCR 扩增（约 0.1 μg/μL），或使用商品化的 DNA 提取试剂盒提取 DNA 作为模板，DNA 模板可置于−20 ℃保存备用。

（二）PCR 反应体系

PCR 反应管依次加入表 2−4 成分，充分混匀后，瞬时离心，确保所有反应成分混匀并集于管底。

（三）PCR 对照

同时设阴性对照、阳性对照。阳性对照为标准菌株 DNA，阴性对照为不含 DNA 的反应体系。

表 2-4　PCR 反应体系（总体积为 25 μL）

成分	终浓度	体积
10 倍 PCR 缓冲液	1 倍	2.5 μL
dNTPs（2 mmol/L）	400 μmol/L/个	5.0 μL
镁离子（50 mmol/L）	3.0 mmol/L	1.5 μL
8 对引物混合液（12.5 μmol/L）	6.25 pmol/条	7.6 μL
超纯水		7.1 μL
TaqDNA 聚合酶	1.5 U	0.3 μL
DNA 模板	0.1 μg/μL	1 μL

（四）扩增程序

将上述加有 DNA 模板的 PCR 管置于 PCR 仪内进行反应。反应条件如下：95 ℃ 7 min 预变性；然后进行 25 个循环的扩增（95 ℃变性 35 s，64 ℃退火 45 s，72 ℃延伸 3 min）。最后 72 ℃延伸 6 min，4 ℃保存。

（五）电泳

用 1 倍 TBE 缓冲液配制 1.5%琼脂糖凝胶平板，同时加入0.005% GoldView 核酸染料，取 PCR 产物 7 μL，与适量 6 倍溴酚蓝缓冲液混合，加样，7 μL/孔，同时设定1 kb plusDNAladder 标准分子量标准，120 V 稳压电泳1 h，紫外灯下观察条带。

（六）结果判定

1. 试验成立的条件

当阴性对照不出现条带、阳性对照出现条带时，试验成立。

2. 结果判定

（1）牛种布鲁氏菌：电泳同时出现 152 bp、450 bp、587 bp、774 bp 和 1 682 bp 共 5 条带。

（2）羊种布鲁氏菌：电泳同时出现 152 bp、450 bp、587 bp、774 bp、1 071 bp 和 1 682 bp 共 6 条带。

（3）绵羊附睾种布鲁氏菌：电泳同时出现 152 bp、450 bp、587 bp、774 bp 和 1 071 bp 共 5 条带。

（4）猪布鲁氏菌：电泳同时出现 152 bp、272 bp、450 bp、587 bp、774 bp、1 071 bp 和1 682 bp 共 7 条带。

（5）S19 疫苗菌株：电泳同时出现 152 bp、450 bp、774 bp 和 1 682 bp 共 4 条带。

（6）RB51 疫苗菌株：电泳同时出现 152 bp、450 bp、587 bp、774 bp 和 2 524 bp 共 5 条带。

（7）Revl 疫苗菌株：电泳同时出现 152 bp、218 bp、450 bp、587 bp、774 bp、1 071 bp 和 1 682 bp 共 7 条带。

（8）犬种布鲁氏菌：电泳同时出现 152 bp、272 bp、450 bp、587 bp、1 071 bp 和 1 682 bp 共 6 条带。

（9）沙林鼠种布鲁氏菌：电泳同时出现 272 bp、450 bp、587 bp、774 bp、1 071 bp 和1 682 bp 共 6 条带。

（10）海洋种布鲁氏菌（鳍型布鲁氏菌、鲸型布鲁氏菌）：电泳同时出现 152 bp、587 bp、774 bp、1 071 bp、1 320 bp 和 1 682 bp 共 6 条带。

（11）田鼠种布鲁氏菌：电泳同时出现 152 bp、272 bp、450 bp、510 bp、587 bp、774 bp、1 071 bp 和 1 682 bp 共 8 条带。

（12）B.inopinata 布鲁氏菌：电泳同时出现 152 bp、272 bp、450 bp、587 bp、774 bp 和 1 682 bp 共 6 条带。

附录 1

一、二、三类动物疫病病种名录

（中华人民共和国农业农村部公告　第573号）

一类动物疫病（11 种）

口蹄疫、猪水疱病、非洲猪瘟、尼帕病毒性脑炎、非洲马瘟、牛海绵状脑病、牛瘟、牛传染性胸膜肺炎、痒病、小反刍兽疫、高致病性禽流感

二类动物疫病（37 种）

多种动物共患病（7 种）：狂犬病、布鲁氏菌病、炭疽、蓝舌病、日本脑炎、棘球蚴病、日本血吸虫病

牛病（3 种）：牛结节性皮肤病、牛传染性鼻气管炎（传染性脓疱外阴阴道炎）、牛结核病

绵羊和山羊病（2 种）：绵羊痘和山羊痘、山羊传染性胸膜肺炎

马病（2 种）：马传染性贫血、马鼻疽

猪病（3 种）：猪瘟、猪繁殖与呼吸综合征、猪流行性腹泻

禽病（3 种）：新城疫、鸭瘟、小鹅瘟

兔病（1 种）：兔出血症

蜜蜂病（2 种）：美洲蜜蜂幼虫腐臭病、欧洲蜜蜂幼虫腐臭病

鱼类病（11 种）：鲤春病毒血症、草鱼出血病、传染性脾肾坏死病、锦鲤疱疹病毒病、刺激隐核虫病、淡水鱼细菌性败血症、病毒性神经坏死病、传染性造血器官坏死病、流行性溃疡综合征、鲫造血器官坏死病、鲤浮肿病

甲壳类病（3 种）：白斑综合征、十足目虹彩病毒病、虾肝肠包虫病

三类动物疫病（126 种）

多种动物共患病（25 种）：伪狂犬病、轮状病毒感染、产气荚膜梭菌病、大肠杆菌病、巴氏杆菌病、沙门氏菌病、李氏杆菌病、链球菌病、溶血性曼氏杆菌病、副结核病、类鼻疽、支原体病、衣原体病、附红细胞体病、Q 热、钩端螺旋体病、东毕吸虫病、华支睾吸虫病、囊尾蚴病、片形吸虫病、旋毛虫病、血矛线虫病、弓形虫病、伊氏锥虫病、隐孢子虫病

牛病（10 种）：牛病毒性腹泻、牛恶性卡他热、地方流行性牛白血病、牛流行热、牛冠状病毒感染、牛赤羽病、牛生殖道弯曲杆菌病、毛滴虫病、牛梨形虫病、牛无浆体病

绵羊和山羊病（7 种）：山羊关节炎/脑炎、梅迪–维斯纳病、绵羊肺腺瘤病、羊传染性脓疱皮炎、干酪性淋巴结炎、羊梨形虫病、羊无浆体病

马病（8 种）：马流行性淋巴管炎、马流感、马腺疫、马鼻肺炎、马病毒性动脉炎、马传染性子宫炎、马媾疫、马梨形虫病

猪病（13 种）：猪细小病毒感染、猪丹毒、猪传染性胸膜肺炎、猪波氏菌病、猪圆环病毒病、格拉瑟病、猪传染性胃肠炎、猪流感、猪丁型冠状病毒感染、猪塞内卡病毒感染、仔猪红痢、猪痢疾、猪增生性肠病

禽病（21 种）：禽传染性喉气管炎、禽传染性支气管炎、禽白血病、传染性法氏囊病、马立克病、禽痘、鸭病毒性肝炎、鸭浆膜炎、鸡球虫病、低致病性禽流感、禽网状内皮组织增殖病、鸡病毒性关节炎、禽传染性脑脊髓炎、鸡传染性鼻炎、禽坦布苏病毒感染、禽腺病毒感染、鸡传染性贫血、禽偏肺病毒感染、鸡红螨病、鸡坏死性肠炎、鸭呼肠孤病毒感染

兔病（2 种）：兔波氏菌病、兔球虫病

蚕、蜂病（8 种）：蚕多角体病、蚕白僵病、蚕微粒子病、蜂螨病、瓦螨病、亮热厉螨病、蜜蜂孢子虫病、白垩病

犬猫等动物病（10 种）：水貂阿留申病、水貂病毒性肠炎、犬瘟热、犬细小病毒病、犬传染性肝炎、猫泛白细胞减少症、猫嵌杯病毒感染、猫传染性腹膜

炎、犬巴贝斯虫病、利什曼原虫病

鱼类病（11 种）：真鲷虹彩病毒病、传染性胰脏坏死病、牙鲆弹状病毒病、鱼爱德华氏菌病、链球菌病、细菌性肾病、杀鲑气单胞菌病、小瓜虫病、黏孢子虫病、三代虫病、指环虫病

甲壳类病（5 种）：黄头病、桃拉综合征、传染性皮下和造血组织坏死病、急性肝胰腺坏死病、河蟹螺原体病

贝类病（3 种）：鲍疱疹病毒病、奥尔森派琴虫病、牡蛎疱疹病毒病

两栖与爬行类病（3 种）：两栖类蛙虹彩病毒病、鳖腮腺炎病、蛙脑膜炎败血症

附录 2

人畜共患传染病名录

（中华人民共和国农业农村部公告　第 571 号）

牛海绵状脑病、高致病性禽流感、狂犬病、炭疽、布鲁氏菌病、弓形虫病、棘球蚴病、钩端螺旋体病、沙门氏菌病、牛结核病、日本血吸虫病、日本脑炎（流行性乙型脑炎）、猪链球菌Ⅱ型感染、旋毛虫病、囊尾蚴病、马鼻疽、李氏杆菌病、类鼻疽、片形吸虫病、鹦鹉热、Q 热、利什曼原虫病、尼帕病毒性脑炎、华支睾吸虫病

附录 3

病原微生物实验室生物安全管理条例

（中华人民共和国国务院令　第 424 号）

第一章　总　则

第一条　为了加强病原微生物实验室（以下称实验室）生物安全管理，保护实验室工作人员和公众的健康，制定本条例。

第二条　对中华人民共和国境内的实验室及其从事实验活动的生物安全管理，适用本条例。

本条例所称病原微生物，是指能够使人或者动物致病的微生物。

本条例所称实验活动，是指实验室从事与病原微生物菌（毒）种、样本有关的研究、教学、检测、诊断等活动。

第三条　国务院卫生主管部门主管与人体健康有关的实验室及其实验活动的生物安全监督工作。

国务院兽医主管部门主管与动物有关的实验室及其实验活动的生物安全监督工作。

国务院其他有关部门在各自职责范围内负责实验室及其实验活动的生物安全管理工作。

县级以上地方人民政府及其有关部门在各自职责范围内负责实验室及其实验活动的生物安全管理工作。

第四条　国家对病原微生物实行分类管理，对实验室实行分级管理。

第五条　国家实行统一的实验室生物安全标准。实验室应当符合国家标准和要求。

第六条 实验室的设立单位及其主管部门负责实验室日常活动的管理，承担建立健全安全管理制度，检查、维护实验设施、设备，控制实验室感染的职责。

第二章 病原微生物的分类和管理

第七条 国家根据病原微生物的传染性、感染后对个体或者群体的危害程度，将病原微生物分为四类：

第一类病原微生物，是指能够引起人类或者动物非常严重疾病的微生物，以及我国尚未发现或者已经宣布消灭的微生物。

第二类病原微生物，是指能够引起人类或者动物严重疾病，比较容易直接或者间接在人与人、动物与人、动物与动物间传播的微生物。

第三类病原微生物，是指能够引起人类或者动物疾病，但一般情况下对人、动物或者环境不构成严重危害，传播风险有限，实验室感染后很少引起严重疾病，并且具备有效治疗和预防措施的微生物。

第四类病原微生物，是指在通常情况下不会引起人类或者动物疾病的微生物。

第一类、第二类病原微生物统称为高致病性病原微生物。

第八条 人间传染的病原微生物名录由国务院卫生主管部门商国务院有关部门后制定、调整并予以公布；动物间传染的病原微生物名录由国务院兽医主管部门商国务院有关部门后制定、调整并予以公布。

第九条 采集病原微生物样本应当具备下列条件：

（一）具有与采集病原微生物样本所需要的生物安全防护水平相适应的设备；

（二）具有掌握相关专业知识和操作技能的工作人员；

（三）具有有效的防止病原微生物扩散和感染的措施；

（四）具有保证病原微生物样本质量的技术方法和手段。

采集高致病性病原微生物样本的工作人员在采集过程中应当防止病原微生物扩散和感染，并对样本的来源、采集过程和方法等作详细记录。

第十条 运输高致病性病原微生物菌（毒）种或者样本，应当通过陆路运输；没有陆路通道，必须经水路运输的，可以通过水路运输；紧急情况下或者需要将高致病性病原微生物菌（毒）种或者样本运往国外的，可以通过民用航空运输。

第十一条 运输高致病性病原微生物菌（毒）种或者样本，应当具备下列条件：

（一）运输目的、高致病性病原微生物的用途和接收单位符合国务院卫生主管部门或者兽医主管部门的规定；

（二）高致病性病原微生物菌（毒）种或者样本的容器应当密封，容器或者包装材料还应当符合防水、防破损、防外泄、耐高（低）温、耐高压的要求；

（三）容器或者包装材料上应当印有国务院卫生主管部门或者兽医主管部门规定的生物危险标识、警告用语和提示用语。

运输高致病性病原微生物菌（毒）种或者样本，应当经省级以上人民政府卫生主管部门或者兽医主管部门批准。在省、自治区、直辖市行政区域内运输的，由省、自治区、直辖市人民政府卫生主管部门或者兽医主管部门批准；需要跨省、自治区、直辖市运输或者运往国外的，由出发地的省、自治区、直辖市人民政府卫生主管部门或者兽医主管部门进行初审后，分别报国务院卫生主管部门或者兽医主管部门批准。

出入境检验检疫机构在检验检疫过程中需要运输病原微生物样本的，由国务院出入境检验检疫部门批准，并同时向国务院卫生主管部门或者兽医主管部门通报。

通过民用航空运输高致病性病原微生物菌（毒）种或者样本的，除依照本条第二款、第三款规定取得批准外，还应当经国务院民用航空主管部门批准。

有关主管部门应当对申请人提交的关于运输高致性病原微生物菌（毒）种

或者样本的申请材料进行审查，对符合本条第一款规定条件的，应当及时批准。

第十二条　运输高致病性病原微生物菌（毒）种或者样本，应当由不少于 2 人的专人护送，并采取相应的防护措施。

有关单位或者个人不得通过公共电（汽）车和城市铁路运输病原微生物菌（毒）种或者样本。

第十三条　需要通过铁路、公路、民用航空等公共交通工具运输高致病性病原微生物菌（毒）种或者样本的，承运单位应当凭本条例第十一条规定的批准文件予以运输。

承运单位应当与护送人共同采取措施，确保所运输的高致病性病原微生物菌（毒）种或者样本的安全，严防发生被盗、被抢、丢失、泄漏事件。

第十四条　国务院卫生主管部门或者兽医主管部门指定的菌（毒）种保藏中心或者专业实验室（以下称保藏机构），承担集中储存病原微生物菌（毒）种和样本的任务。

保藏机构应当依照国务院卫生主管部门或者兽医主管部门的规定，储存实验室送交的病原微生物菌（毒）种和样本，并向实验室提供病原微生物菌（毒）种和样本。

保藏机构应当制定严格的安全保管制度，做好病原微生物菌（毒）种和样本进出和储存的记录，建立档案制度，并指定专人负责。对高致病性病原微生物菌（毒）种和样本应当设专库或者专柜单独储存。

保藏机构储存、提供病原微生物菌（毒）种和样本，不得收取任何费用，其经费由同级财政在单位预算中予以保障。

保藏机构的管理办法由国务院卫生主管部门会同国务院兽医主管部门制定。

第十五条　保藏机构应当凭实验室依照本条例的规定取得的从事高致病性病原微生物相关实验活动的批准文件，向实验室提供高致病性病原微生物菌（毒）种和样本，并予以登记。

第十六条　实验室在相关实验活动结束后，应当依照国务院卫生主管部门或者兽医主管部门的规定，及时将病原微生物菌（毒）种和样本就地销毁或者送交保藏机构保管。

保藏机构接收实验室送交的病原微生物菌（毒）种和样本，应当予以登记，并开具接收证明。

第十七条 高致病性病原微生物菌（毒）种或者样本在运输、储存中被盗、被抢、丢失、泄漏的，承运单位、护送人、保藏机构应当采取必要的控制措施，并在 2 小时内分别向承运单位的主管部门、护送人所在单位和保藏机构的主管部门报告，同时向所在地的县级人民政府卫生主管部门或者兽医主管部门报告，发生被盗、被抢、丢失的，还应当向公安机关报告；接到报告的卫生主管部门或者兽医主管部门应当在 2 小时内向本级人民政府报告，并同时向上级人民政府卫生主管部门或者兽医主管部门和国务院卫生主管部门或者兽医主管部门报告。

县级人民政府应当在接到报告后 2 小时内向设区的市级人民政府或者上一级人民政府报告；设区的市级人民政府应当在接到报告后 2 小时内向省、自治区、直辖市人民政府报告。省、自治区、直辖市人民政府应当在接到报告后 1 小时内，向国务院卫生主管部门或者兽医主管部门报告。

任何单位和个人发现高致病性病原微生物菌（毒）种或者样本的容器或者包装材料，应当及时向附近的卫生主管部门或者兽医主管部门报告；接到报告的卫生主管部门或者兽医主管部门应当及时组织调查核实，并依法采取必要的控制措施。

第三章　实验室的设立与管理

第十八条 国家根据实验室对病原微生物的生物安全防护水平，并依照实验室生物安全国家标准的规定，将实验室分为一级、二级、三级、四级。

第十九条 新建、改建、扩建三级、四级实验室或者生产、进口移动式三级、四级实验室应当遵守下列规定：

（一）符合国家生物安全实验室体系规划并依法履行有关审批手续；

（二）经国务院科技主管部门审查同意；

（三）符合国家生物安全实验室建筑技术规范；

（四）依照《中华人民共和国环境影响评价法》的规定进行环境影响评价并经环境保护主管部门审查批准；

（五）生物安全防护级别与其拟从事的实验活动相适应。

前款规定所称国家生物安全实验室体系规划，由国务院投资主管部门会同国务院有关部门制定。制定国家生物安全实验室体系规划应当遵循总量控制、合理布局、资源共享的原则，并应当召开听证会或者论证会，听取公共卫生、环境保护、投资管理和实验室管理等方面专家的意见。

第二十条 三级、四级实验室应当通过实验室国家认可。

国务院认证认可监督管理部门确定的认可机构应当依照实验室生物安全国家标准以及本条例的有关规定，对三级、四级实验室进行认可；实验室通过认可的，颁发相应级别的生物安全实验室证书。证书有效期为5年。

第二十一条 一级、二级实验室不得从事高致病性病原微生物实验活动。三级、四级实验室从事高致病性病原微生物实验活动，应当具备下列条件：

（一）实验目的和拟从事的实验活动符合国务院卫生主管部门或者兽医主管部门的规定；

（二）通过实验室国家认可；

（三）具有与拟从事的实验活动相适应的工作人员；

（四）工程质量经建筑主管部门依法检测验收合格。

国务院卫生主管部门或者兽医主管部门依照各自职责对三级、四级实验室是否符合上述条件进行审查；对符合条件的，发给从事高致病性病原微生物实验活动的资格证书。

第二十二条 取得从事高致病性病原微生物实验活动资格证书的实验室，

需要从事某种高致病性病原微生物或者疑似高致病性病原微生物实验活动的，应当依照国务院卫生主管部门或者兽医主管部门的规定报省级以上人民政府卫生主管部门或者兽医主管部门批准。实验活动结果以及工作情况应当向原批准部门报告。

实验室申报或者接受与高致病性病原微生物有关的科研项目，应当符合科研需要和生物安全要求，具有相应的生物安全防护水平，并经国务院卫生主管部门或者兽医主管部门同意。

第二十三条 出入境检验检疫机构、医疗卫生机构、动物防疫机构在实验室开展检测、诊断工作时，发现高致病性病原微生物或者疑似高致病性病原微生物，需要进一步从事这类高致病性病原微生物相关实验活动的，应当依照本条例的规定经批准同意，并在取得相应资格证书的实验室中进行。

专门从事检测、诊断的实验室应当严格依照国务院卫生主管部门或者兽医主管部门的规定，建立健全规章制度，保证实验室生物安全。

第二十四条 省级以上人民政府卫生主管部门或者兽医主管部门应当自收到需要从事高致病性病原微生物相关实验活动的申请之日起 15 日内作出是否批准的决定。

对出入境检验检疫机构为了检验检疫工作的紧急需要，申请在实验室对高致病性病原微生物或者疑似高致病性病原微生物开展进一步实验活动的，省级以上人民政府卫生主管部门或者兽医主管部门应当自收到申请之时起 2 小时内作出是否批准的决定；2 小时内未作出决定的，实验室可以从事相应的实验活动。

省级以上人民政府卫生主管部门或者兽医主管部门应当为申请人通过电报、电传、传真、电子数据交换和电子邮件等方式提出申请提供方便。

第二十五条 新建、改建或者扩建一级、二级实验室，应当向设区的市级人民政府卫生主管部门或者兽医主管部门备案。设区的市级人民政府卫生主管部门或者兽医主管部门应当每年将备案情况汇总后报省、自治区、直辖市人民政府卫生主管部门或者兽医主管部门。

第二十六条 国务院卫生主管部门和兽医主管部门应当定期汇总并互相通报实验室数量和实验室设立、分布情况，以及取得从事高致病性病原微生物实验活动资格证书的三级、四级实验室及其从事相关实验活动的情况。

第二十七条 已经建成并通过实验室国家认可的三级、四级实验室应当向所在地的县级人民政府环境保护主管部门备案。环境保护主管部门依照法律、行政法规的规定对实验室排放的废水、废气和其他废物处置情况进行监督检查。

第二十八条 对我国尚未发现或者已经宣布消灭的病原微生物，任何单位和个人未经批准不得从事相关实验活动。

为了预防、控制传染病，需要从事前款所指病原微生物相关实验活动的，应当经国务院卫生主管部门或者兽医主管部门批准，并在批准部门指定的专业实验室中进行。

第二十九条 实验室使用新技术、新方法从事高致病性病原微生物相关实验活动的，应当符合防止高致病性病原微生物扩散、保证生物安全和操作者人身安全的要求，并经国家病原微生物实验室生物安全专家委员会论证；经论证可行的，方可使用。

第三十条 需要在动物体上从事高致病性病原微生物相关实验活动的，应当在符合动物实验室生物安全国家标准的三级以上实验室进行。

第三十一条 实验室的设立单位负责实验室的生物安全管理。

实验室的设立单位应当依照本条例的规定制定科学、严格的管理制度，并定期对有关生物安全规定的落实情况进行检查，定期对实验室设施、设备、材料等进行检查、维护和更新，以确保其符合国家标准。

实验室的设立单位及其主管部门应当加强对实验室日常活动的管理。

第三十二条 实验室负责人为实验室生物安全的第一责任人。

实验室从事实验活动应当严格遵守有关国家标准和实验室技术规范、操作规程。实验室负责人应当指定专人监督检查实验室技术规范和操作规程的落实情况。

第三十三条 从事高致病性病原微生物相关实验活动的实验室的设立单位，应当建立健全安全保卫制度，采取安全保卫措施，严防高致病性病原微生物被盗、被抢、丢失、泄漏，保障实验室及其病原微生物的安全。实验室发生高致病性病原微生物被盗、被抢、丢失、泄漏的，实验室的设立单位应当依照本条例第十七条的规定进行报告。

从事高致病性病原微生物相关实验活动的实验室应当向当地公安机关备案，并接受公安机关有关实验室安全保卫工作的监督指导。

第三十四条 实验室或者实验室的设立单位应当每年定期对工作人员进行培训，保证其掌握实验室技术规范、操作规程、生物安全防护知识和实际操作技能，并进行考核。工作人员经考核合格的，方可上岗。

从事高致病性病原微生物相关实验活动的实验室，应当每半年将培训、考核其工作人员的情况和实验室运行情况向省、自治区、直辖市人民政府卫生主管部门或者兽医主管部门报告。

第三十五条 从事高致病性病原微生物相关实验活动应当有2名以上的工作人员共同进行。

进入从事高致病性病原微生物相关实验活动的实验室的工作人员或者其他有关人员，应当经实验室负责人批准。实验室应当为其提供符合防护要求的防护用品并采取其他职业防护措施。从事高致病性病原微生物相关实验活动的实验室，还应当对实验室工作人员进行健康监测，每年组织对其进行体检，并建立健康档案；必要时，应当对实验室工作人员进行预防接种。

第三十六条 在同一个实验室的同一个独立安全区域内，只能同时从事一种高致病性病原微生物的相关实验活动。

第三十七条 实验室应当建立实验档案，记录实验室使用情况和安全监督情况。实验室从事高致病性病原微生物相关实验活动的实验档案保存期，不得少于20年。

第三十八条 实验室应当依照环境保护的有关法律、行政法规和国务院有关部门的规定，对废水、废气以及其他废物进行处置，并制定相应的环境保护措施，防止环境污染。

第三十九条 三级、四级实验室应当在明显位置标示国务院卫生主管部门和兽医主管部门规定的生物危险标识和生物安全实验室级别标志。

第四十条 从事高致病性病原微生物相关实验活动的实验室应当制定实验室感染应急处置预案，并向该实验室所在地的省、自治区、直辖市人民政府卫生主管部门或者兽医主管部门备案。

第四十一条 国务院卫生主管部门和兽医主管部门会同国务院有关部门组织病原学、免疫学、检验医学、流行病学、预防兽医学、环境保护和实验室管理等方面的专家，组成国家病原微生物实验室生物安全专家委员会。该委员会承担从事高致病性病原微生物相关实验活动的实验室的设立与运行的生物安全评估和技术咨询、论证工作。

省、自治区、直辖市人民政府卫生主管部门和兽医主管部门会同同级人民政府有关部门组织病原学、免疫学、检验医学、流行病学、预防兽医学、环境保护和实验室管理等方面的专家，组成本地区病原微生物实验室生物安全专家委员会。该委员会承担本地区实验室设立和运行的技术咨询工作。

第四章 实验室感染控制

第四十二条 实验室的设立单位应当指定专门的机构或者人员承担实验室感染控制工作，定期检查实验室的生物安全防护、病原微生物菌（毒）种和样本保存与使用、安全操作、实验室排放的废水和废气以及其他废物处置等规章制度的实施情况。

负责实验室感染控制工作的机构或者人员应当具有与该实验室中的病原微生物有关的传染病防治知识，并定期调查、了解实验室工作人员的健康状况。

第四十三条 实验室工作人员出现与本实验室从事的高致病性病原微生物相关实验活动有关的感染临床症状或者体征时，实验室负责人应当向负责实验室感染控制工作的机构或者人员报告，同时派专人陪同及时就诊；实验室工作人员应当将近期所接触的病原微生物的种类和危险程度如实告知诊治医疗机构。接诊的医疗机构应当及时救治；不具备相应救治条件的，应当依照规定将感染的实验室工作人员转诊至具备相应传染病救治条件的医疗机构；具备相应传染病救治条件的医疗机构应当接诊治疗，不得拒绝救治。

第四十四条 实验室发生高致病性病原微生物泄漏时，实验室工作人员应当立即采取控制措施，防止高致病性病原微生物扩散，并同时向负责实验室感染控制工作的机构或者人员报告。

第四十五条 负责实验室感染控制工作的机构或者人员接到本条例第四十三条、第四十四条规定的报告后，应当立即启动实验室感染应急处置预案，并组织人员对该实验室生物安全状况等情况进行调查；确认发生实验室感染或者高致病性病原微生物泄漏的，应当依照本条例第十七条的规定进行报告，并同时采取控制措施，对有关人员进行医学观察或者隔离治疗，封闭实验室，防止扩散。

第四十六条 卫生主管部门或者兽医主管部门接到关于实验室发生工作人员感染事故或者病原微生物泄漏事件的报告，或者发现实验室从事病原微生物相关实验活动造成实验室感染事故的，应当立即组织疾病预防控制机构、动物防疫监督机构和医疗机构以及其他有关机构依法采取下列预防、控制措施：

（一）封闭被病原微生物污染的实验室或者可能造成病原微生物扩散的场所；

（二）开展流行病学调查；

（三）对病人进行隔离治疗，对相关人员进行医学检查；

（四）对密切接触者进行医学观察；

（五）进行现场消毒；

（六）对染疫或者疑似染疫的动物采取隔离、扑杀等措施；

（七）其他需要采取的预防、控制措施。

第四十七条　医疗机构或者兽医医疗机构及其执行职务的医务人员发现由于实验室感染而引起的与高致病性病原微生物相关的传染病病人、疑似传染病病人或者患有疫病、疑似患有疫病的动物，诊治的医疗机构或者兽医医疗机构应当在2小时内报告所在地的县级人民政府卫生主管部门或者兽医主管部门；接到报告的卫生主管部门或者兽医主管部门应当在2小时内通报实验室所在地的县级人民政府卫生主管部门或者兽医主管部门。接到通报的卫生主管部门或者兽医主管部门应当依照本条例第四十六条的规定采取预防、控制措施。

第四十八条　发生病原微生物扩散，有可能造成传染病暴发、流行时，县级以上人民政府卫生主管部门或者兽医主管部门应当依照有关法律、行政法规的规定以及实验室感染应急处置预案进行处理。

第五章　监督管理

第四十九条　县级以上地方人民政府卫生主管部门、兽医主管部门依照各自分工，履行下列职责：

（一）对病原微生物菌（毒）种、样本的采集、运输、储存进行监督检查；

（二）对从事高致病性病原微生物相关实验活动的实验室是否符合本条例规定的条件进行监督检查；

（三）对实验室或者实验室的设立单位培训、考核其工作人员以及上岗人员的情况进行监督检查；

（四）对实验室是否按照有关国家标准、技术规范和操作规程从事病原微生物相关实验活动进行监督检查。

县级以上地方人民政府卫生主管部门、兽医主管部门，应当主要通过检查反映实验室执行国家有关法律、行政法规以及国家标准和要求的记录、档案、报告，切实履行监督管理职责。

第五十条 县级以上人民政府卫生主管部门、兽医主管部门、环境保护主管部门在履行监督检查职责时，有权进入被检查单位和病原微生物泄漏或者扩散现场调查取证、采集样品，查阅复制有关资料。需要进入从事高致病性病原微生物相关实验活动的实验室调查取证、采集样品的，应当指定或者委托专业机构实施。被检查单位应当予以配合，不得拒绝、阻挠。

第五十一条 国务院认证认可监督管理部门依照《中华人民共和国认证认可条例》的规定对实验室认可活动进行监督检查。

第五十二条 卫生主管部门、兽医主管部门、环境保护主管部门应当依据法定的职权和程序履行职责，做到公正、公平、公开、文明、高效。

第五十三条 卫生主管部门、兽医主管部门、环境保护主管部门的执法人员执行职务时，应当有 2 名以上执法人员参加，出示执法证件，并依照规定填写执法文书。

现场检查笔录、采样记录等文书经核对无误后，应当由执法人员和被检查人、被采样人签名。被检查人、被采样人拒绝签名的，执法人员应当在自己签名后注明情况。

第五十四条 卫生主管部门、兽医主管部门、环境保护主管部门及其执法人员执行职务，应当自觉接受社会和公民的监督。公民、法人和其他组织有权向上级人民政府及其卫生主管部门、兽医主管部门、环境保护主管部门举报地方人民政府及其有关主管部门不依照规定履行职责的情况。接到举报的有关人民政府或者其卫生主管部门、兽医主管部门、环境保护主管部门，应当及时调查处理。

第五十五条 上级人民政府卫生主管部门、兽医主管部门、环境保护主管部门发现属于下级人民政府卫生主管部门、兽医主管部门、环境保护主管部门职责范围内需要处理的事项的，应当及时告知该部门处理；下级人民政府卫生主管部门、兽医主管部门、环境保护主管部门不及时处理或者不积极履行本部门职责的，上级人民政府卫生主管部门、兽医主管部门、环境保护主管部门应当责令其限期改正；逾期不改正的，上级人民政府卫生主管部门、兽医主管部门、环境保护主管部门有权直接予以处理。

第六章　法律责任

第五十六条　三级、四级实验室未依照本条例的规定取得从事高致病性病原微生物实验活动的资格证书，或者已经取得相关资格证书但是未经批准从事某种高致病性病原微生物或者疑似高致病性病原微生物实验活动的，由县级以上地方人民政府卫生主管部门、兽医主管部门依照各自职责，责令停止有关活动，监督其将用于实验活动的病原微生物销毁或者送交保藏机构，并给予警告；造成传染病传播、流行或者其他严重后果的，由实验室的设立单位对主要负责人、直接负责的主管人员和其他直接责任人员，依法给予撤职、开除的处分；有资格证书的，应当吊销其资格证书；构成犯罪的，依法追究刑事责任。

第五十七条　卫生主管部门或者兽医主管部门违反本条例的规定，准予不符合本条例规定条件的实验室从事高致病性病原微生物相关实验活动的，由作出批准决定的卫生主管部门或者兽医主管部门撤销原批准决定，责令有关实验室立即停止有关活动，并监督其将用于实验活动的病原微生物销毁或者送交保藏机构，对直接负责的主管人员和其他直接责任人员依法给予行政处分；构成犯罪的，依法追究刑事责任。

因违法作出批准决定给当事人的合法权益造成损害的，作出批准决定的卫生主管部门或者兽医主管部门应当依法承担赔偿责任。

第五十八条　卫生主管部门或者兽医主管部门对符合法定条件的实验室不颁发从事高致病性病原微生物实验活动的资格证书，或者对出入境检验检疫机构为了检验检疫工作的紧急需要，申请在实验室对高致病性病原微生物或者疑似高致病性病原微生物开展进一步检测活动，不在法定期限内作出是否批准决定的，由其上级行政机关或者监察机关责令改正，给予警告；造成传染病传播、流行或者其他严重后果的，对直接负责的主管人员和其他直接责任人员依法给予撤职、开除的行政处分；构成犯罪的，依法追究刑事责任。

第五十九条 违反本条例规定，在不符合相应生物安全要求的实验室从事病原微生物相关实验活动的，由县级以上地方人民政府卫生主管部门、兽医主管部门依照各自职责，责令停止有关活动，监督其将用于实验活动的病原微生物销毁或者送交保藏机构，并给予警告；造成传染病传播、流行或者其他严重后果的，由实验室的设立单位对主要负责人、直接负责的主管人员和其他直接责任人员，依法给予撤职、开除的处分；构成犯罪的，依法追究刑事责任。

第六十条 实验室有下列行为之一的，由县级以上地方人民政府卫生主管部门、兽医主管部门依照各自职责，责令限期改正，给予警告；逾期不改正的，由实验室的设立单位对主要负责人、直接负责的主管人员和其他直接责任人员，依法给予撤职、开除的处分；有许可证件的，并由原发证部门吊销有关许可证件：

（一）未依照规定在明显位置标示国务院卫生主管部门和兽医主管部门规定的生物危险标识和生物安全实验室级别标志的；

（二）未向原批准部门报告实验活动结果以及工作情况的；

（三）未依照规定采集病原微生物样本，或者对所采集样本的来源、采集过程和方法等未作详细记录的；

（四）新建、改建或者扩建一级、二级实验室未向设区的市级人民政府卫生主管部门或者兽医主管部门备案的；

（五）未依照规定定期对工作人员进行培训，或者工作人员考核不合格允许其上岗，或者批准未采取防护措施的人员进入实验室的；

（六）实验室工作人员未遵守实验室生物安全技术规范和操作规程的；

（七）未依照规定建立或者保存实验档案的；

（八）未依照规定制定实验室感染应急处置预案并备案的。

第六十一条 经依法批准从事高致病性病原微生物相关实验活动的实验室的设立单位未建立健全安全保卫制度，或者未采取安全保卫措施的，由县级以上地方人民政府卫生主管部门、兽医主管部门依照各自职责，责令限期改正；逾期不改正，导致高致病性病原微生物菌（毒）种、样本被盗、被抢或者造成其他严重后果的，由原发证部门吊销该实验室从事高致病性病原微生物相关实验活动的资格证书；造成传染病传播、流行的，该实验室设立单位的主管部门还应当对该实验室的设立单位的直接负责的主管人员和其他直接责任人员，依法给予降级、撤职、开除的处分；构成犯罪的，依法追究刑事责任。

第六十二条 未经批准运输高致病性病原微生物菌（毒）种或者样本，或者承运单位经批准运输高致病性病原微生物菌（毒）种或者样本未履行保护义务，导致高致病性病原微生物菌（毒）种或者样本被盗、被抢、丢失、泄漏的，由县级以上地方人民政府卫生主管部门、兽医主管部门依照各自职责，责令采取措施，消除隐患，给予警告；造成传染病传播、流行或者其他严重后果的，由托运单位和承运单位的主管部门对主要负责人、直接负责的主管人员和其他直接责任人员，依法给予撤职、开除的处分；构成犯罪的，依法追究刑事责任。

第六十三条 有下列行为之一的，由实验室所在地的设区的市级以上地方人民政府卫生主管部门、兽医主管部门依照各自职责，责令有关单位立即停止违法活动，监督其将病原微生物销毁或者送交保藏机构；造成传染病传播、流行或者其他严重后果的，由其所在单位或者其上级主管部门对主要负责人、直接负责的主管人员和其他直接责任人员，依法给予撤职、开除的处分；有许可证件的，并由原发证部门吊销有关许可证件；构成犯罪的，依法追究刑事责任：

（一）实验室在相关实验活动结束后，未依照规定及时将病原微生物菌（毒）种和样本就地销毁或者送交保藏机构保管的；

（二）实验室使用新技术、新方法从事高致病性病原微生物相关实验活动未经国家病原微生物实验室生物安全专家委员会论证的；

（三）未经批准擅自从事在我国尚未发现或者已经宣布消灭的病原微生物相关实验活动的；

（四）在未经指定的专业实验室从事在我国尚未发现或者已经宣布消灭的病

原微生物相关实验活动的；

（五）在同一个实验室的同一个独立安全区域内同时从事两种或者两种以上高致病性病原微生物的相关实验活动的。

第六十四条 认可机构对不符合实验室生物安全国家标准以及本条例规定条件的实验室予以认可，或者对符合实验室生物安全国家标准以及本条例规定条件的实验室不予认可的，由国务院认证认可监督管理部门责令限期改正，给予警告；造成传染病传播、流行或者其他严重后果的，由国务院认证认可监督管理部门撤销其认可资格，有上级主管部门的，由其上级主管部门对主要负责人、直接负责的主管人员和其他直接责任人员依法给予撤职、开除的处分；构成犯罪的，依法追究刑事责任。

第六十五条 实验室工作人员出现该实验室从事的病原微生物相关实验活动有关的感染临床症状或者体征，以及实验室发生高致病性病原微生物泄漏时，实验室负责人、实验室工作人员、负责实验室感染控制的专门机构或者人员未依照规定报告，或者未依照规定采取控制措施的，由县级以上地方人民政府卫生主管部门、兽医主管部门依照各自职责，责令限期改正，给予警告；造成传染病传播、流行或者其他严重后果的，由其设立单位对实验室主要负责人、直接负责的主管人员和其他直接责任人员，依法给予撤职、开除的处分；有许可证件的，并由原发证部门吊销有关许可证件；构成犯罪的，依法追究刑事责任。

第六十六条 拒绝接受卫生主管部门、兽医主管部门依法开展有关高致病性病原微生物扩散的调查取证、采集样品等活动或者依照本条例规定采取有关预防、控制措施的，由县级以上人民政府卫生主管部门、兽医主管部门依照各自职责，责令改正，给予警告；造成传染病传播、流行以及其他严重后果的，由实验室的设立单位对实验室主要负责人、直接负责的主管人员和其他直接责任人员，依法给予降级、撤职、开除的处分；有许可证件的，并由原发证部门吊销有关许可证件；构成犯罪的，依法追究刑事责任。

第六十七条 发生病原微生物被盗、被抢、丢失、泄漏，承运单位、护送人、保藏机构和实验室的设立单位未依照本条例的规定报告的，由所在地的县级人民政府卫生主管部门或者兽医主管部门给予警告；造成传染病传播、流行或者其他严重后果的，由实验室的设立单位或者承运单位、保藏机构的上级主管部门对主要负责人、直接负责的主管人员和其他直接责任人员，依法给予撤职、开除的处分；构成犯罪的，依法追究刑事责任。

第六十八条　保藏机构未依照规定储存实验室送交的菌（毒）种和样本，或者未依照规定提供菌（毒）种和样本的，由其指定部门责令限期改正，收回违法提供的菌（毒）种和样本，并给予警告；造成传染病传播、流行或者其他严重后果的，由其所在单位或者其上级主管部门对主要负责人、直接负责的主管人员和其他直接责任人员，依法给予撤职、开除的处分；构成犯罪的，依法追究刑事责任。

第六十九条　县级以上人民政府有关主管部门，未依照本条例的规定履行实验室及其实验活动监督检查职责的，由有关人民政府在各自职责范围内责令改正，通报批评；造成传染病传播、流行或者其他严重后果的，对直接负责的主管人员，依法给予行政处分；构成犯罪的，依法追究刑事责任。

第七章　附　则

第七十条　军队实验室由中国人民解放军卫生主管部门参照本条例负责监督管理。

第七十一条　本条例施行前设立的实验室，应当自本条例施行之日起 6 个月内，依照本条例的规定，办理有关手续。

第七十二条　本条例自公布之日起施行。

附录 4

动物病原微生物分类名录

（2005 年农业部令　第 53号）

根据《病原微生物实验室生物安全管理条例》第七条、第八条的规定，对动物病原微生物分类如下：

一、一类动物病原微生物

口蹄疫病毒、高致病性禽流感病毒、猪水泡病病毒、非洲猪瘟病毒、非洲马瘟病毒、牛瘟病毒、小反刍兽疫病毒、牛传染性胸膜肺炎丝状支原体、牛海绵状脑病病原、痒病病原。

二、二类动物病原微生物

猪瘟病毒、鸡新城疫病毒、狂犬病病毒、绵羊痘/山羊痘病毒、蓝舌病病毒、兔病毒性出血症病毒、炭疽芽孢杆菌、布氏杆菌。

三、三类动物病原微生物

多种动物共患病病原微生物：低致病性流感病毒、伪狂犬病病毒、破伤风梭菌、气肿疽梭菌、结核分枝杆菌、副结核分枝杆菌、致病性大肠杆菌、沙门氏菌、巴氏杆菌、致病性链球菌、李氏杆菌、产气荚膜梭菌、嗜水气单胞菌、肉毒梭状芽孢杆菌、腐败梭菌和其他致病性梭菌、鹦鹉热衣原体、放线菌、钩端螺旋体。

牛病病原微生物：牛恶性卡他热病毒、牛白血病病毒、牛流行热病毒、牛传染性鼻气管炎病毒、牛病毒腹泻/黏膜病病毒、牛生殖器弯曲杆菌、日本血吸虫。

绵羊和山羊病病原微生物：山羊关节炎/脑脊髓炎病毒、梅迪/维斯纳病病毒、传染性脓疱皮炎病毒。

猪病病原微生物：日本脑炎病毒、猪繁殖与呼吸综合征病毒、猪细小病毒、猪圆环病毒、猪流行性腹泻病毒、猪传染性胃肠炎病毒、猪丹毒杆菌、猪支气管败血波氏杆菌、猪胸膜肺炎放线杆菌、副猪嗜血杆菌、猪肺炎支原体、猪密螺旋体。

马病病原微生物：马传染性贫血病毒、马动脉炎病毒、马病毒性流产病毒、马鼻炎病毒、鼻疽假单胞菌、类鼻疽假单胞菌、假皮疽组织胞浆菌、溃疡性淋巴管炎假结核棒状杆菌。

禽病病原微生物：鸭瘟病毒、鸭病毒性肝炎病毒、小鹅瘟病毒、鸡传染性法氏囊病病毒、鸡马立克氏病病毒、禽白血病/肉瘤病毒、禽网状内皮组织增殖病病毒、鸡传染性贫血病毒、鸡传染性喉气管炎病毒、鸡传染性支气管炎病毒、鸡减蛋综合征病毒、禽痘病毒、鸡病毒性关节炎病毒、禽传染性脑脊髓炎病毒、副鸡嗜血杆菌、鸡毒支原体、鸡球虫。

兔病病原微生物：兔黏液瘤病病毒、野兔热土拉杆菌、兔支气管败血波氏杆菌、兔球虫。

水生动物病病原微生物：流行性造血器官坏死病毒、传染性造血器官坏死病毒、马苏大麻哈鱼病毒、病毒性出血性败血症病毒医学教`育网整理、锦鲤疱疹病毒、斑点叉尾鮰病毒、病毒性脑病和视网膜病毒、传染性胰脏坏死病毒、真鲷虹彩病毒、白鲟虹彩病毒、中肠腺坏死杆状病毒、传染性皮下和造血器官坏死病毒、核多角体杆状病毒、虾产卵死亡综合症病毒、鳖鳃腺炎病毒、Taura综合症病毒、对虾白斑综合症病毒、黄头病病毒、草鱼出血病毒、鲤春病毒血症病毒、鲍球形病毒、鲑鱼传染性贫血病毒。

蜜蜂病病原微生物：美洲幼虫腐臭病幼虫杆菌、欧洲幼虫腐臭病蜂房蜜蜂球菌、白垩病蜂球囊菌、蜜蜂微孢子虫、跗腺螨、雅氏大蜂螨。

其他动物病病原微生物：犬瘟热病毒、犬细小病毒、犬腺病毒、犬冠状病毒、犬副流感病毒、猫泛白细胞减少综合征病毒、水貂阿留申病病毒、水貂病毒性肠炎病毒。

四、四类动物病原微生物

是指危险性小、低致病力、实验室感染机会少的兽用生物制品、疫苗生产用的各种弱毒病原微生物以及不属于第一、二、三类的各种低毒力的病原微生物。

附录 5

布鲁氏菌病防治技术规范

布鲁氏菌病（Brucellosis，也称布鲁氏杆菌病，以下简称布病）是由布鲁氏菌属细菌引起的人兽共患的常见传染病。我国将其列为二类动物疫病。

为了预防、控制和净化布病，依据《中华人民共和国动物防疫法》及有关的法律法规，制定本规范。

1　适用范围

本规范规定了动物布病的诊断、疫情报告、疫情处理、防治措施、控制和净化标准。

本规范适用于中华人民共和国境内一切从事饲养、经营动物和生产、经营动物产品，以及从事动物防疫活动的单位和个人。

2　诊断

2.1　流行特点

多种动物和人对布鲁氏菌易感。

布鲁氏菌属的 6 个种和主要易感动物见下表：

种	主要易感动物
羊种布鲁氏菌（*Brucella melitensis*）	羊、牛
牛种布鲁氏菌（*Brucella abortus*）	牛、羊
猪种布鲁氏菌（*Brucella suis*）	猪
绵羊附睾种布鲁氏菌（*Brucella ovis*）	绵羊
犬种布鲁氏菌（*Brucella canis*）	犬
沙林鼠种布鲁氏菌（*Brucella neotomae*）	沙林鼠

布鲁氏菌是一种细胞内寄生的病原菌，主要侵害动物的淋巴系统和生殖系统。病畜主要通过流产物、精液和乳汁排菌，污染环境。

羊、牛、猪的易感性最强。母畜比公畜，成年畜比幼年畜发病多。在母畜中，第一次妊娠母畜发病较多。带菌动物，尤其是病畜的流产胎儿、胎衣是主要传染源。消化道、呼吸道、生殖道是主要的感染途径，也可通过损伤的皮肤、黏膜等感染。常呈地方性流行。

人主要通过皮肤、黏膜、消化道和呼吸道感染，尤其以感染羊种布鲁氏菌、牛种布鲁氏菌最为严重。猪种布鲁氏菌感染人较少见，犬种布鲁氏菌感染人罕见，绵羊附睾种布鲁氏菌、沙林鼠种布鲁氏菌基本不感染人。

2.2 临床症状

潜伏期一般为 14~180 d。

最显著症状是怀孕母畜发生流产，流产后可能发生胎衣滞留和子宫内膜炎，从阴道流出污秽不洁、恶臭的分泌物。新发病的畜群流产较多；老疫区畜群发生流产的较少，但发生子宫内膜炎、乳房炎、关节炎、胎衣滞留、久配不孕的较多。公畜往往发生睾丸炎、附睾炎或关节炎。

2.3 病理变化

主要病变为生殖器官的炎性坏死，脾、淋巴结、肝、肾等器官形成特征性肉芽肿（布病结节）。有的可见关节炎。胎儿主要呈败血症病变，浆膜和黏膜有出血点和出血斑，皮下结缔组织发生浆液性、出血性炎症。

2.4 实验室诊断

2.4.1 病原学诊断

2.4.1.1 显微镜检查

采集流产胎衣、绒毛膜水肿液、肝、脾、淋巴结、胎儿胃内容物等组织，制成抹片，用柯兹罗夫斯基染色法染色，镜检，布鲁氏菌为红色球杆状小杆菌，而其他菌为蓝色。

2.4.1.2 分离培养

新鲜病料可用胰蛋白胨琼脂面或血液琼脂斜面、肝汤琼脂斜面、3%甘油0.5%葡萄糖肝汤琼脂斜面等培养基培养；若为陈旧病料或污染病料，可用选择性培养基培养。培养时，一份在普通条件下，另一份放于含有 5%~10%二氧化碳的环境中，37 ℃培养 7~10 d。然后进行菌落特征检查和单价特异性抗血清凝集试验。为使防治措施有更好的针对性，还需做种型鉴定。

如病料被污染或含菌极少时，可将病料用生理盐水稀释 5~10 倍，健康豚鼠腹腔内注射 0.1~0.3 mL/只。如果病料腐败时，可接种于豚鼠的股内侧皮下。接种后4~8 周，将豚鼠扑杀，从肝、脾分离培养布鲁氏菌。

2.4.2 血清学诊断

2.4.2.1 虎红平板凝集试验（RBPT）（见 GB/T 18646）

2.4.2.2 全乳环状试验（MRT）（见 GB/T 18646）

2.4.2.3 试管凝集试验（SAT）（见 GB/T 18646）

2.4.2.4 补体结合试验（CFT）（见 GB/T 18646）

2.5 结果判定

县级以上动物防疫监督机构负责布病诊断结果的判定。

2.5.1 具有 2.1、2.2 和 2.3 时，判定为疑似疫情。

2.5.2 符合 2.5.1，且 2.4.1.1 或 2.4.1.2 阳性时，判定为患病动物。

2.5.3 未免疫动物的结果判定如下：

2.5.3.1 2.4.2.1 或 2.4.2.2 阳性时，判定为疑似患病动物。

2.5.3.2 2.4.1.2 或 2.4.2.3 或 2.4.2.4 阳性时，判定为患病动物。

2.5.3.3 符合 2.5.3.1 但 2.4.2.3 或 2.4.2.4 阴性时，30 d 后应重新采样检测，2.4.2.1 或 2.4.2.3 或 2.4.2.4 阳性的判定为患病动物。

3 疫情报告

3.1 任何单位和个人发现疑似疫情，应当及时向当地动物防疫监督机构报告。

3.2　动物防疫监督机构接到疫情报告并确认后，按《动物疫情报告管理办法》及有关规定及时上报。

4　疫情处理

4.1　发现疑似疫情，畜主应限制动物移动；对疑似患病动物应立即隔离。

4.2　动物防疫监督机构要及时派员到现场进行调查核实，开展实验室诊断。确诊后，当地人民政府组织有关部门按下列要求处理：

4.2.1　扑杀

对患病动物全部扑杀。

4.2.2　隔离

对受威胁的畜群（病畜的同群畜）实施隔离，可采用圈养和固定草场放牧两种方式隔离。

隔离饲养用草场，不要靠近交通要道，居民点或人畜密集的地区。场地周围最好有自然屏障或人工栅栏。

4.2.3　无害化处理

患病动物及其流产胎儿、胎衣、排泄物、乳、乳制品等按照 GB 16548—1996《畜禽病害肉尸及其产品无害化处理规程》进行无害化处理。

4.2.4　流行病学调查及检测

开展流行病学调查和疫源追踪；对同群动物进行检测。

4.2.5　消毒

对患病动物污染的场所、用具、物品严格进行消毒。

饲养场的金属设施、设备可采取火焰、熏蒸等方式消毒；养畜场的圈舍、场地、车辆等，可选用 2%烧碱等有效消毒药消毒；饲养场的饲料、垫料等，可采取深埋发酵处理或焚烧处理；粪便消毒采取堆积密封发酵方式。皮毛消毒用环氧乙烷、福尔马林熏蒸等。

4.2.6　发生重大布病疫情时，当地县级以上人民政府应按照《重大动物疫情应急条例》有关规定，采取相应的扑灭措施。

5 预防和控制

非疫区以监测为主；稳定控制区以监测净化为主；控制区和疫区实行监测、扑杀和免疫相结合的综合防治措施。

5.1 免疫接种

5.1.1 范围

疫情呈地方性流行的区域，应采取免疫接种的方法。

5.1.2 对象

免疫接种范围内的牛、羊、猪、鹿等易感动物。根据当地疫情，确定免疫对象。

5.1.3 疫苗选择

布病疫苗 S2 株（以下简称 S2 疫苗）、M5 株（以下简称 M5 疫苗）、S19 株（以下简称 S19 疫苗）以及经农业部批准生产的其他疫苗。

5.2 监测

5.2.1 监测对象和方法

监测对象：牛、羊、猪、鹿等动物。

监测方法：采用流行病学调查、血清学诊断方法，结合病原学诊断进行监测。

5.2.2 监测范围、数量

免疫地区：对新生动物、未免疫动物、免疫一年半或口服免疫一年以后的动物进行监测（猪可在口服免疫半年后进行）。监测至少每年进行一次，牧区县抽检 300 头（只）以上，农区和半农半牧区抽检 200 头（只）以上。

非免疫地区：监测至少每年进行一次。达到控制标准的牧区县抽检 1000 头（只）以上，农区和半农半牧区抽检 500 头（只）以上；达到稳定控制标准的牧区县抽检 500 头（只）以上，农区和半农半牧区抽检 200 头（只）以上。

所有的奶牛、奶山羊和种畜每年应进行两次血清学监测。

5.2.3 监测时间

对成年动物监测时，猪、羊在 5 月龄以上，牛在 8 月龄以上，怀孕动物则在第 1 胎产后半个月至 1 个月间进行；对 S2、M5、S19 疫苗免疫接种过的动物，在接种后 18 个月（猪接种后 6 个月）进行。

5.2.4 监测结果的处理

按要求使用和填写监测结果报告，并及时上报。

判断为患病动物时，按第 4 项规定处理。

5.3 检疫

异地调运的动物，必须来自于非疫区，凭当地动物防疫监督机构出具的检疫合格证明调运。

动物防疫监督机构应对调运的种用、乳用、役用动物进行实验室检测。检测合格后，方可出具检疫合格证明。调入后应隔离饲养 30 d，经当地动物防疫监督机构检疫合格后，方可解除隔离。

5.4 人员防护

饲养人员每年要定期进行健康检查。发现患有布病的应调离岗位，及时治疗。

5.5 防疫监督

布病监测合格应为奶牛场、种畜场《动物防疫合格证》发放或审验的必备条件。动物防疫监督机构要对辖区内奶牛场、种畜场的检疫净化情况监督检查。

鲜奶收购点（站）必须凭奶牛健康证明收购鲜奶。

6 控制和净化标准

6.1 控制标准

6.1.1 县级控制标准

连续 2 年以上具备以下 3 项条件：

6.1.1.1　对未免疫或免疫18个月后的动物，牧区抽检3 000份血清以上，农区和半农半牧区抽检1 000份血清以上，用试管凝集试验或补体结合试验进行检测。

试管凝集试验阳性率：羊、鹿0.5%以下，牛1%以下，猪2%以下。

补体结合试验阳性率：各种动物阳性率均在0.5%以下。

6.1.1.2　抽检羊、牛、猪流产物样品共200份以上（流产物数量不足时，补检正常产胎盘、乳汁、阴道分泌物或屠宰畜脾脏），检不出布鲁氏菌。

6.1.1.3　患病动物均已扑杀，并进行无害化处理。

6.1.2　市级控制标准

全市所有县均达到控制标准。

6.1.3　省级控制标准

全省所有市均达到控制标准。

6.2　稳定控制标准

6.2.1　县级稳定控制标准

按控制标准的要求的方法和数量进行，连续3年以上具备以下3项条件：

6.2.1.1　羊血清学检查阳性率在0.1%以下、猪在0.3%以下；牛、鹿0.2%以下。

6.2.1.2　抽检羊、牛、猪等动物样品材料检不出布鲁氏菌。

6.2.1.3　患病动物全部扑杀，并进行了无害化处理。

6.2.2　市级稳定控制标准

全市所有县均达到稳定控制标准。

6.2.3　省级稳定控制标准

全省所有市均达到稳定控制标准。

6.3　净化标准

6.3.1　县级净化标准

按控制标准要求的方法和数量进行，连续2年以上具备以下2项条件：

6.3.1.1　达到稳定控制标准后，全县范围内连续两年无布病疫情。

6.3.1.2　用试管凝集试验或补体结合试验进行检测，全部阴性。

6.3.2　市级净化标准

全市所有县均达到净化标准。

6.3.3　省级净化标准

全省所有市均达到净化标准。

6.3.4　全国净化标准

全国所有省（市、自治区）均达到净化标准。

附录 6

PCR 操作规范

本规范中英文缩写词：

DEPC：焦碳酸二乙酯；

DNA：脱氧核糖核酸；

dNTPs：四种单核苷酸混合物；

EB：溴化乙啶；

FQ-PCR：荧光定量聚合酶链式反应；

PCR：聚合酶联链式反应；

RNA：核糖核酸；

RT：反转录。

一、总则

1. 为保证 PCR 检测技术的灵敏度、准确性和稳定性，制定此规范。此规范对科研性 PCR 操作有参考价值，但科研性 PCR 操作不受此规范约束。

2. 此规范的制定重点考虑到：① 如何防止 PCR 产物污染；② 如何防止模板RNA 降解；③ 如何防止试剂的失效；④ 如何防止 PCR 反应不稳定。

3. 此规范涉及实验室人员、场所、仪器、试剂、耗材、操作等方面。各组 PCR 检测场所共分为试剂保存区域、样品初步处理区域、核酸提取区域、PCR 加样区域、PCR 运行区域、凝胶电泳观察区域、数据处理区域等；各组 PCR 检测试剂和耗材包括核酸提取、核酸扩增和核酸检测等试剂和耗材；各组 PCR 检测操作包括引物稀释、核酸提取、PCR 加样、反应体系检测、数据分析等方面。

二、人员管理

1. 各组负责人应指定专人开展 PCR 检测，此人以下称 PCR 检测人员。

2. PCR 检测人员在相关项目负责人或其指定的技术人员的指导下，开展工作，相关项目负责人或其指定的技术人员应当熟悉对应的 PCR 检测技术的原理与细节，能够深入分析文件试验结果和试验数据，能够解决相关疑难问题。

3. PCR 检测人员应维持相应场所的洁净，熟悉 PCR 操作的细节和相关仪器维护事项，及时、详细和如实地记录、分析、汇报试验结果。

三、区域管理

1. 各组 PCR 检测试剂保存区域为 PCR 检测专用的 4 ℃冰箱和−20 ℃冰箱（或−20 ℃冰柜内专用的一个空间），此区域不得和其他试剂存放区域交叉。各组 PCR 检测人员负责此专用区域的低温运行状况检查、除霜、清点、整理、清洁等工作。

2. 样品初步处理区域必须保证能够及时地灭活可能含有的危险病原，有相应的生物安全设施。

3. 与 PCR 检测无关的物品不得放在专用的核酸提取区域和 PCR 加样区域。

4. PCR 检测人员负责核酸提取区域、PCR 加样区域和凝胶电泳区域水电安全，卫生与整理等工作，每次试验前必须检查这些工作区域是否整洁，每次试验结束必须清理干净这些工作区域，每天下班前必须检查一遍这些区域水电开关，每周必须彻底打扫两次这些区域。

5. PCR 检测中 RNA 的提取区域与 RT（或一步法 RT−PCR）加样区域为同一区域，普通 PCR 和 RT 后 PCR 的加样区域和核酸提取区域分开。PCR 产物的检测区域远离核酸提取区域和 PCR 加样区域，并且未经负责人许可，不得在核酸提取区域和 PCR 加样区域打开 PCR 产物，也不得将 PCR 产物、与

PCR 产物接触的手套、移液器、采样盒等物品，从检测区域带回核酸提取区域和 PCR 加样区域；操作人员离开检测区域必须洗手；从检测区域带出离心管架也必须洗涤后方可重新使用。

6. 凝胶电泳区域和凝胶电泳观察区域由专人负责，有明显的 EB 污染警示和防止EB 污染警示，既要保证高效运转，又要保证安全运转。

四、仪器管理

1. 仪器专用化，即 PCR 检测区域的仪器只用于检测，不用于科研等其他方面。用于检测的 PCR 仪器和移液器的操作应当严格遵守各自的使用说明，并进行及时登记，如发现异常情况，及时做好标识，并向相关负责人报告。使用仪器之前应当了解仪器的使用方法，并在中心仪器使用预定栏目预订好，以免使用时间上发生冲突。

2. 核酸的提取、PCR 加样、PCR 产物检测分别用不同的一套移液器并在这些移液器上做上相应标记，如“核酸提取专用”。这些移液器不得拿出相应的工作区域。每周用酒精棉球擦洗一遍这些移液器。

五、试剂保存

1. 各项试剂在冰箱内保存在固定的位置；试剂使用后剩余的要及时放回原位，高温或冻融后活性易损伤的物质务必放在冰盒上或在冰箱内操作；每周清点一次各试剂的剩余数量，以便及时地预订；技术员有一本试剂记录本，记录各种试剂订购情况（生产单位、货号、名称、到货时的验收情况）、保存情况(保存的精确位置、编号、数量等效和使用情况（取用时间、取用数量)。

2. 普通 PCR 检测用的纯水必须用洁净的玻璃瓶高压后，无菌环境下分装到高压的 1.5 mL 的离心管中，每管 1 毫升，放在采样盒中于冰箱冻存，每次取用后，已经打开的水不再冻存使用。RNA 提取和 RT 用的纯水除了满足这些要求之外，还必须对水、滴头、离心管用 DEPC 进行处理并高压。此两种水应分别放置在不同的采样盒中冻存并做上明显的标记。

3. dNTPs 买回后用 DEPC 处理的 0.5 mL 离心管分装（100 μL/支）、标记和冻存。

4. 用于日常检测的 PCR 试剂应当每个月初用标准的模板检测一次，以及时保证试剂的可靠性。

六、耗材管理

1. 普通 PCR 检测用的耗材必须高压，RNA 提取和 RT 用的耗材必须用 DEPC 进行处理并高压。

2. 各耗材放在各自应用之近处，如提核酸的耗材放在提核酸的区域，PCR 加样的耗材放在 PCR 加样的区域。各耗材应当保存在固定的位置。各耗材用后剩余的要及时放回原位。DEPC 处理的耗材、高压处理的耗材和非高压的耗材应当放在不同的位置。每周一、三、五清点一次需要高压的耗材和需要 DEPC 处理的耗材。

七、防止 RNA 酶的几个关键点

1. 所有的与 RNA 相关反应（RNA 沉淀、RNA 溶解、RT、一步法 RT-PCR 等）所需的成分都必须在无菌环境下配置，并尽可能预先一次性混合和分装好，防止RNA 酶和细菌（分泌 RNA 酶）污染。

2. 实验室 RNA 酶的使用要严格与 PCR 检测业务在操作区域、移液器、电泳区域等方面划清界限。

3. 所有与 RNA 有关的操作，包括耗材的准备过程中，操作者必须扎紧头发，戴口罩和帽子，穿洁净的工作服，并勤换手套。口罩、帽子、工作服必须常洗常换，保持干净。

4. 所有与 RNA 有关的操作，包括耗材的准备过程中，操作者应避免说话，尤其是对着操作的物品或台面说话；避免中断操作接听手机或电话等其他事务；

手指不要接触离心管口的内壁，尽可能用镊子替代手去取东西。

八、DEPC 使用及 RNA 操作有关材料的准备

1. 原装的 DEPC 的瓶子开启前，必须使瓶子达到室温。

2. 原装的 DEPC 的瓶子开启后，必须分成小份贮存，每份一毫升贮存于 1.5 mL 的高压的离心管中，盖紧管子，并用封口膜封口，做上标记，贮存于 4 ℃冰箱。

3. 0.1%的 DEPC 水溶液用两个非常洁净的专用瓶子和纯净水配置，避免 DEPC 接触到 Tris 或其他胺类化合物以及巯基类化合物，以免降解。

4. 玻璃瓶子：RNA 操作所用的玻璃瓶子应该为标准的 100 毫升带有刻度的有螺旋盖子的玻璃瓶子。其瓶体和盖子彻底清洗后，浸泡在 0.1% DEPC 水溶液（盛于专用的塑料容器中）中，37 ℃放置 1 h，或者室温下过夜，用火焰消毒的镊子取出，弃去水，盖上用火焰消毒双层锡箔纸后，干烤，干烤后做上 RNA 专用的标记并放在特定的区域保存。

5. 离心管、PCR 管、玻璃瓶盖子：RNA 操作所用的离心管、PCR 管原始包装应当保存在干净的柜子中，并做上 RNA 专用记号。用火焰消毒的镊子小心取出这些离心管、PCR 管、玻璃瓶盖子，将离心管放在专用的洁净的 1 000 mL 三角烧杯中，其高度不超过 1 000 mL 刻度；将 PCR 管放在专用的洁净的 500 mL 三角烧杯中，其高度不超过 500 mL 的刻度；将玻璃瓶盖子彻底洗净后放在专用的洁净的 100~200 mL 三角烧杯中，其高度不超过烧杯的 2/3；再在烧杯中加入纯水，摇晃以淹没管子或盖子的各个部分，再根据水的体积加入 0.1%的DEPC，37 ℃放置 1 h，或者室温下过夜，弃去水，再将管子中残余的水摇晃出来，弃去，盖上用火焰消毒双层锡箔纸后高压消毒，高压后做上 RNA 专用的标记并放在特定的区域保存。

6. 滴头：RNA 操作所用的滴头原始包装应当保存在干净的柜子中，并做上 RNA 专用记号。所用的滴头盒也应当标记上 RNA 专用，并一直保持洁净，在

盒盖侧面的上部钻两个孔径为 2 mm 的孔。用火焰消毒的镊子小心取出这些滴头，装入专用的滴头盒中，装满后，用透明胶带密封滴头盒，只露出上面两个小孔。用专用的 50 mL 注射器吸入 0.1%的 DEPC 水溶液后从滴头盒上小孔注入滴头盒中，摇晃，使 DEPC 水溶液分布均匀，37 ℃放置 1 h，或者室温下过夜。然后弃去其中溶液，戴手套用专用的 50 mL 注射器加入用 DEPC 处理的水20 mL，盖上盖子，摇晃淋洗后弃去水，再重复用 DEPC 处理的水洗 2 次，用已经高压过的妥善保存的纸包裹好，做上明显的标记，高压消毒。

7. 水：用上述处理的玻璃瓶收集纯水，加入 0.1% DEPC，盖上盖子，37 ℃放置 1 小时，或者室温下过夜。然后略微松开盖子，包裹上两层微波炉保鲜膜，正向放在高压锅内高压。高压后，旋紧盖子，放到超净台中，在无菌情况下，用上述 DEPC 处理的滴头分装到已经放在采样盒中 DEPC 处理的离心管中，每个 1.5 mL 离心管只装 1 mL 水，做上 RNA 专用的标记并放在特定的区域保存。

8. 取用以上处理的耗材，打开后应当放在超净台中，取用时尽量用镊子而不是手。

九、引物稀释

1. 粉末状引物稀释（在核酸提取区域操作）到保存液：计算引物纳摩尔数，比如计为 X 纳摩尔→收拾好本区域，检查相关仪器，准备好 PCR 专用水、高压滴头和离心管等，用于 DNA 扩增的引物用普通 PCR 专用水，用于 RNA 扩增的用DEPC 处理的水和 DEPC 处理的滴头和离心管→1 万转/分，离心 5 min→轻轻平移到超净台里，勿晃摇或颠倒→轻轻打开盖子→一次性加入 10×X 微升的PCR 专用的水→轻轻盖紧盖子→轻轻颠倒混匀 1 min 后再静置 4 min→10 000 转/分，离心 30 s→分装到 1.5 mL 或 0.5 mL 离心管中，每管 25 μL→做上完整的标记，标记中有引物名称、浓度（100 微摩尔浓度）以及编号→按照编号顺序放入冻存盒中，在标签纸上写好完整的标签，标签中有姓名、引物名称、浓度和日期，用透明胶带牢固地将标签贴在盒子底座的正面或侧面→放入−20 ℃或−70 ℃冰箱冻存，并在试剂记录本上做好保存记录→取用时按照顺序取用，并做好试剂使用记录→普通 PCR 检测用的引物。

2. 引物保存液的稀释（在核酸提取区域操作）到引物工作液：按照普通 PCR 和RT−PCR 的相应要求，从−20 ℃或−70 ℃冰箱按照顺序取出一支引物保存液，稀释到工作浓度（0.2~1 微摩尔浓度），并做好试剂使用记录→分装到 1.5 mL 或0.5 mL 的离心管中，每管 25 μL→做上完整的标记，标记中有引物名称、浓度（100 微摩尔浓度）以及编号→按照编号顺序放入冻存盒中，在标签纸上写好完整的标签，标签中有姓名、引物名称、浓度和日期，用透明胶带牢固地将标签贴在盒子底座的正面或侧面普通 PCR 检测用的引物。

十、RNA 提取和 RT 或 RT−PCR

1. 预先拟定详细计划，并在纸上注明各个步骤的细节问题，检查所需的仪器是否完好，耗材是否齐备，以避免在操作的过程中出现问题和耽搁时间。

2. RNA 提取和 RT：RNA 提取和 RT 时，需穿上工作服，戴上帽子和口罩，并勤换手套；避免说话，尤其是对着操作的物品或台面说话；避免中断操作接听手机和电话等其他事务；手指不要接触离心管口的内壁，尽可能用镊子替代手去取用东西；RNA 提取进入洗涤阶段之后，必须使用 DEPC 处理的或购买的具有一定资质厂家生产的无 RNA 酶的水、滴头和有关耗材；RNA 提取后最好紧接着开始 RT 或一步法 RT−PCR；如需冻存提取 RNA 或 RT 产物，则考虑进行分装冻存，以避免以后反复冻融取用；有关操作步骤按照试剂盒说明书进行。

3. RT 或 RT−PCR 加样：加样应遵循一定顺序，原则是先加缓冲保护的东西(水于 PCR 缓冲液)，先加公用的试剂（如镁离子、dNTPs)，先加可以反复冻融的东西，其余的后加，一般的顺序是：水→PCR 缓冲液→镁离子→dNTPs→酶→引物→模板。

十一、PCR 操作

1. 准备：预先拟定详细计划，并在纸上注明各个步骤的细节问题，检查所需仪器是否完好，耗材是否齐备，以避免在操作过程中出现问题，一般在加样前，打开 PCR 仪，调出或编辑所要运行的程序。

2. 加样：PCR 加样必须在规定的位置。加样应遵循一定顺序，原则上是先缓冲保护的试剂，通常顺序是水→PCR 缓冲液→镁离子→dNTPs→酶→引物→模板。

3. 预混合：运行良好的 PCR 体系可以将有关试剂预先混合在一起，这样既节省操作步骤和时间，又防止加样带来的偏差。除了现配现用之外，酶不能和其他试剂混合在一起。预混合的试剂保存前要有详细的记录。

4. 标记：做好标记，如果操作中出现一些错误或偏差，及时记录下来，如果是 FQ-PCR，不能在反应管上做标记，只能通过其他方式进行标记。

5. 运行：在运行过程中，操作者必须观察前 2 个循环是否正常，以后每隔 20 min 至少观察一次。如果出现故障，应当及时处理或报告，并做相应记录。

十二、PCR 产物凝胶电泳

1. PCR 产物凝胶电泳应当遵守核酸凝胶电泳相关规定，以避免 EB 污染。

2. 进行凝胶电泳时，应当换上专用的工作服，既防止 EB 污染，又可防止将 PCR 产物带回实验室。

3. PCR 产物凝胶电泳整个过程中，必须防止 PCR 产物扩散。因此，一般是将载样缓冲液加到 PCR 管中混匀，而不是将 PCR 产物吸出来放到台面上进行混匀，电泳后凝胶取出观察时所用的手套丢弃前应当放到另外一个手套中扎紧放到垃圾桶中，凝胶观察后不再重复使用，应用手套扎紧放到垃圾桶中。

4. 电泳加样：先加 DNA 标样（marker），再加 PCR 产物。DNA 标样加在中间某个孔中。如果 PCR 电泳发现产物很少或没有，而 DNA 标样也很微弱，则首先考虑是否是电泳问题。

5. 凝胶电泳结果如有价值，应及时打印出来，用于实验记录。

6. 从凝胶电泳区域走出时，必须彻底洗手，有关的离心管架也应洗涤后才能带回实验室。PCR 产物严禁带回实验室。如需保存 PCR 产物，应将其保存在其他实验室冰箱之中。

7. 每半年对计算机内的数据进行复核一遍，移出绝大多数的试验数据。

十三、FQ–PCR

1. 上述 PCR、RT–PCR 操作规范基本上适用于 FQ–PCR，在运行 FQ–PCR 过程中，操作者必须观察前 4 个循环是否正常，以后每隔 20 min 至少观察一次。如果出现故障，应当及时处理或报告，并做相应记录。

2. FQ–PCR 运行后，应当及时进行仪器维护、打印结果和处理数据。

3. FQ–PCR 结果形成的文件命名应按照统一标准：操作人缩写+病毒缩写+基因缩写+日期，以便于查询，如 FQ–PCR 结果文件“070601WFXCSFVG2”表明这是吴发兴在 2007 年 6 月 1 日检测猪瘟病毒 G 蛋白的第二次试验结果。

4. 操作人应在 FQ–PCR 结果文件详细注明操作细节。

每半年对计算机内的数据进行复核一遍，移出绝大多数试验数据。

附录 7

ELISA 操作规范

一、总则

1. 为提高 ELISA 检测技术的灵敏度、准确性和稳定，制定此规范。此规范对科研性 ELISA 操作有参考价值，但不适用于科研性 ELISA 操作。

2. 此规范的制定重点考虑到：① 如何防止 ELISA 板污染；② 如何防止相关试剂失效；③ 如何防止有毒试剂污染实验室；④ 如何防止检测结果不稳定。

3. 此规范涉及实验室人员、场所、仪器、试剂、耗材、操作等方面，参与 ELISA 检测的人员分为负责人和技术员；ELISA 检测场所分为样品处理区域、ELISA 操作区域、ELISA 结果测定区域；ELISA 检测试剂和耗材包括 ELISA 板、标准抗原或标准抗体（血清）、酶标记物、反应底物等；ELISA 操作包括包被、封闭、稀释、洗涤、加样、检测、数据分析等方面。

二、人员管理

1. 各组负责人应指定专人开展其负责本组的 ELISA 检测，此人以下称 ELISA 检测人员，以后各组可以考虑共用同一位 ELISA 检测人员。

2. ELISA 检测人员在相关项目负责人或其他指定的技术人员的指导下，开展工作，相关项目负责人或其指定的技术人员应当熟悉对应的 ELISA 检测技术的原理与细节，能够深入分析试验结果和试验数据，能够解决相关疑难问题。

3. ELISA 检测人员应维持相应场所的洁净，熟悉 ELISA 操作的细节和相关仪器维护事项，及时、详细和如实地记录、分析、汇报试验结果。

三、区域管理

1. 各组 ELISA 试剂保存区域为 ELISA 检测专用的 4 ℃冰箱和−20 ℃冰箱或其内专用的一个空间，此区域不得和其他试剂存放区域交叉。

2. 样品处理区域须保证能够及时灭活可能含有的病原，有相应的生物安全设施。

3. ELISA 检测人员负责 ELISA 检测样品的处理区域、ELISA 检测操作区域和ELISA 结果测定区域的水电安全、卫生与整理等工作，每次试验前必须检查一下这些工作区域是否整洁，每次试验结束必须清理干净这些工作区域，每天下班前必须检查一遍这些区域水电开关，每周必须彻底打扫两次这些区域。

四、仪器管理

1. 仪器专用化：即 ELISA 检测区域的仪器只用于检测，不用于科研等其他方面。

2. 用于检测的 ELISA 仪器和移液器的操作应当严格遵守各自的使用说明，并进行及时登记，如发现异常情况，及时做好标识，并向相关负责人报告。仪器的使用之前应当了解仪器的使用方法，并在中心仪器使用预定栏目预定好，以免使用时间上发生冲突。

五、试剂保存

1. 各组的 ELISA 试剂保存在冰箱内固定的位置；试剂使用后剩余的要及时放回原位，高温或冻融后活性易损伤的物质务必放在冰盒上或在冰箱内操作；每周清点一次各试剂的剩余数量，以便及时地预订；技术员有一本试剂记录本，记录各种试剂订购情况（生产单位、货号、名称、到货时的验收情况）、保存情况（保存的精确位置、编号、数量等）和使用情况（取用时间、取用数量）。

2. ELISA 包被用的纯水必须用洁净的玻璃瓶高压消毒后，无菌环境下分装到高压消毒过的 100 mL 的试剂瓶中，每管 80 mL，放在冰箱冻存备用。

3. 酶标记物买来后，一般要用高压灭菌的 1.5 mL 离心管分装、标记和冻存。

4. 用于日常检测的 ELISA 试剂应当每个月初用标准样品检测一次，以及时保证试剂的可靠性。

5. 用于 ELISA 检测的底物应当标记危险品（致癌）标记，过氧化物应当每个月初用标准样品检测一次，以及时保证试剂的可靠性。

六、耗材管理

1. ELISA 板应置于阴暗、干燥和洁净环境下密闭保存，如某一包装打开后有剩余 ELISA 板，则用新鲜的保鲜膜包裹好，并注明包裹日期。

2. 各耗材放在各自应用之近处。

3. 各耗材应当保存在固定位置，高压处理的耗材和非高压的耗材应当放在不同的位置。每周一、三、五清点一次需要高压灭菌的耗材。

4. 各耗材用后剩余的要及时放回原位。

七、ELISA 操作步骤

针对不同的检测目的，各 ELISA 检测步骤和要求各不相同。此处阐述共性的规范操作。

1. 准备：预先拟定详细计划，并在纸上注明各个步骤的细节问题，检查所需的仪器是否完好，试剂耗材是否齐备，操作场所是否洁净，以避免在操作的过程中出现问题和耽搁时间；在设计时，应注意设置阴阳性对照、酶标记物对照、空白对照，以便于解读结果或排除故障。

2. 包被：包被步骤往往是影响 ELISA 检测特异性最大的环节。在包被抗原时，除了要求包被的抗原有很高的纯度之外，还要确保包被用水、包被液容器、滴头的洁净。

3. 加样：必须确加样的准确，这可以通过观察加样液体在滴头中的位置、透过加样后的 ELISA 观察白纸上规则的表格、观察加样后 ELSIA 板边缘孔中液体的高度等方法，确定加样是否准确；加样后，轻轻敲动 ELISA 板，使加样液体均匀分布在 ELISA 板中。

4. 封闭：一般要求每孔所加的封闭液比任何其他步骤所加的液体都要多，防止出现非特异性吸附，除非特殊情况，一般来说 5%的脱脂乳（溶解在 PBST 中）封闭效果最好。

5. 反应条件：尽可能在室温下进行反应，使得各孔的反应温度计一致；建议用保鲜膜包裹 ELISA 板，防止水分蒸发；如果静置反应，则相隔 10 min 左右轻轻敲动 ELISA 板。

6. 同一种 ELISA 检测（目的、试剂、步骤都相同），尽可能保持每次操作的每一步条件保持一致，但是终止反应步骤除外。

7. 洗涤：在手工洗涤之前，轻捷而快速去掉 ELISA 板中液体，迅速置于不掉粉尘的吸水纸上吸干余液；洗涤时要避免串孔；用机器洗涤，要亲自检查，确保洗涤效果；洗涤后，如不立即加上液体，应倒置 ELISA 板，防止水分蒸发引起参与反应的大分子结构破坏。

8. 加底物：在加底物之前，应先启动 ELISA 阅读仪；加完底物后置于阴暗处，每隔一分钟观察一次，以便掌握最佳终止时间。确定最佳终止时间一般依靠对阳性对照、阴性对照和空白对照的颜色深浅。

9. 如是临时有事（尽可能避免），ELISA 反应可包裹保鲜膜，置于 4 ℃冰箱中暂存。

10. ELISA 反应操作完毕，ELISA 板显色情况可以冻存方式暂时保存，如不保存则在水槽中轻轻倾去液体，然后轻轻放在塑料袋中，随垃圾运走，防止 ELISA 底物污染实验室。

附录 8

全国畜间人兽共患病防治规划（2022—2030年）

人兽共患病防治工作事关畜牧业高质量发展和人民群众身体健康，事关公共卫生安全和国家生物安全，是贯彻落实乡村振兴战略和健康中国战略的重要内容，是政府社会管理和公共服务的重要职责。为落实习近平总书记关于“人病兽防、关口前移”的重要指示精神，加强畜间人兽共患病防治工作，依据《中华人民共和国动物防疫法》《中华人民共和国传染病防治法》《中华人民共和国进出境动植物检疫法》《中华人民共和国生物安全法》等法律法规，编制本规划。

一、防治形势

（一）防治成效

近年来，国家出台一系列政策措施，推进畜间人兽共患病防治工作，取得显著成效。法律法规不断健全，修订动物防疫法，颁布生物安全法，实施国家中长期动物疫病防治规划，完善畜间人兽共患病防治配套规章、应急预案和技术标准规范。防治机制不断优化，落实地方政府属地管理、部门监管和生产经营者主体责任，健全强制免疫、监测流调、应急处置、区域化管理、联防联控等制度。防疫体系不断完善，推进动物防疫行政管理、监督执法和技术支撑体系建设，改善动物疫病监测、检疫监督等基础设施和装备条件。疫情形势总体稳定，高致病性禽流感等畜间人兽共患病得到有效控制，全国基本消灭了马鼻疽、日本血吸虫病、棘球蚴病（包虫病）、狂犬病等得到稳定控制，畜间流行率显著降低。

（二）困难挑战

我国畜禽饲养基数大，动物疫病种类多、分布广，部分疫病在局部地区出现反弹，防治形势依然复杂严峻。一是畜间人兽共患病种类多，病原复杂，流行范围广。高致病性禽流疫情随候鸟迁徙传播的风险持续存在，布鲁氏菌病（以下简称“布病”）疫情在一些地区居高不下，局部地区牛结核病和包虫病疫情形势依然严峻，炭疽病原感染及传播途径更趋复杂。二是基层动物防疫体系职能淡化、力量弱化、支持虚化等问题比较突出。一些地方对畜间人兽共患病防治重视不够，经费保障不足，设施设备陈旧老化，基层机构大量撤并，专业技术人员匮乏，动物防疫、检疫和监管工作存在短板漏洞。三是畜禽养殖总量大，规模化程度总体不高，生物安全水平较低。中小规模养殖场户占比高，生物安全防护意识和能力参差不齐，部分养殖场户对畜间人兽共患病危害认识不足，防疫主体责任落实不到位。活畜禽长途调运和市场交易频繁，传统的养殖、流通和消费方式在短期内难以根本改变，疫病发生和跨区域传播扩散风险持续存在。四是周边及主要贸易国家和地区动物疫情频发，多种外部风险因素相互交织，防治任务繁重艰巨。随着全球化进程加快，动物及动物产品跨境流动频繁，外来畜间人兽共患病传入风险不断加大。野生动物疫源疫病跨种传播感染人和畜禽的情况时有发生，气候环境和生态系统变化以及极端天气增多，进一步加大畜间人兽共患病发生、传播和扩散风险。

（三）面临机遇

习近平总书记在十九届中央政治局第三十三次集体学习时对畜间人兽共患病防治提出明确要求，强调要坚持人病兽防、关口前移，从源头前端阻断人兽共患病的传播途径。2022 年中央一号文件明确提出，要做好人兽共患病源头防控。随着经济社会发展和人民生活水平的提高，人民群众对畜牧业生产安全、动物产品质量安全和公共卫生安全的要求不断提升，为做好畜间人兽共患病防治奠定了良好社会基础。当前，我国正开启全面建设社会主义现代化国家新征程，全面实施乡村振兴战略和健康中国战略，推动构建“人类卫生健康共同体”，为兽医卫生事业全面融入国家公共卫生体系，推动畜间人兽共患病防治工作再上新台阶提供了重要战略机遇。国家颁布实施生物安全法，修订实施动物防疫法等法律法规，为加强畜间人兽共患病防治知识宣传教育、落实关键防治措施、实施科学精准防治和有效防控提供了有力法治保障。

二、总体思路

（一）指导思想

以习近平新时代中国特色社会主义思想为指导，深入贯彻落实党中央、国务院关于全面加强国家生物安全风险防控和治理体系建设的决策部署，坚持人民至上、生命至上，实行积极防御、系统治理，健全完善畜间人兽共患病防治体制机制，全面夯实基层基础，提升风险防范和综合防治能力，有计划地控制、净化和消灭若干种严重危害畜牧业生产和人民群众健康安全的畜间人兽共患病，维护畜牧业生产安全、公共卫生安全和国家生物安全。

（二）基本原则

1. 源头防治，突出重点。坚持人病兽防、关口前移，实行预防为主、预防与控制净化消灭相结合的方针，聚焦重点病种，织密筑牢防治畜间人兽共患病的第一道防线，从前端阻断传播路径，切实降低流行率，有效防范传播风险。

2. 政府主导，多方参与。严格落实地方各级人民政府属地管理、部门监管和生产经营者主体责任，采取监督指导和激励相结合的措施，调动从业者主动防疫的内生动力，鼓励和引导社会力量广泛参与，形成政府、部门、社会组织和生产经营者分工明确、各司其职的防治机制。

3. 因地制宜，因病施策。实行一病一策、分类指导，分病种、分区域、分阶段采取差异化防治策略，根据不同病种的流行规律、传播特点和防治现状，制定实施有针对性的防治措施，精准防治，逐步实现从场群、区域到整体的控制、净化和消灭目标。

4. 协调配合，统筹推进。有效整合现有畜间人兽共患病防治资源，理顺防治体制机制，明确各方事权，协调各方力量，强化联防联控和群防群控，形成防控合力。确定国家重点防治病种，突出重点区域、聚焦重点环节、落实重点措施，统筹推进各项防治工作。

（三）防治目标

到 2030 年，逐步形成有效保障畜牧业高质量发展和人民群众身体健康的畜间人兽共患病防治能力，动物防疫机构队伍、法律法规和基础设施更加完善，应急响应机制更加健全，快速感知和识别新发突发疫病能力不断提高，全社会协同防范能力和水平显著提升。重点防治病种得到有效控制，畜间布病、牛结核病、包虫病等病种流行率明显下降，高致病性禽流感稳定控制，炭疽疫情保持平稳，马鼻疽实现消灭，犬传人狂犬病逐步消除，日本血吸虫病实现消除。常规防治病种流行率稳定控制在较低水平。重点防范的外来疫病传入和扩散风险有效降低。

专栏 1　实施防治防范的主要畜间人兽共患病

病种分类	病种
重点防治（8 种）	高致病性禽流感、布病、牛结核病、狂犬病、炭疽、包虫病、日本血吸虫病、马鼻疽
常规防治（14 种）	弓形虫病、钩端螺旋体病、沙门氏菌病、日本脑炎（流行性乙型脑炎）、猪链球菌Ⅱ型感染、旋毛虫病、囊尾蚴病、李氏杆菌病、类鼻疽、片形吸虫病、鹦鹉热、Q 热、利什曼原虫病、华支睾吸虫病
外来防范（2 种）	牛海绵状脑病、尼帕病毒性脑炎

专栏 2　重点畜间人兽共患病防治目标

病种	到 2025 年	到 2030 年
高致病性禽流感	全国达到控制标准，部分区域达到免疫无疫标准	全国维持控制标准，进一步扩大免疫无疫区域
布病	50%以上的牛羊种畜场（站）和 25%以上的规模奶畜场达到净化或无疫标准	75%以上的牛羊种畜场（站）和 50%以上的规模奶畜场达到净化或无疫标准
日本血吸虫病（预期性）	有效控制和消除危害，全国达到传播阻断标准	全国达到消除标准

续表

病种	到 2025 年	到 2030 年
包虫病	98%以上的流行县家犬及家畜病原学监测个体阳性率控制在 5%以下	100%的流行县家犬及家畜病原学监测个体阳性率控制在 5%以下
狂犬病	注册犬免疫密度达 90%以上，免疫犬 100%建立免疫档案	注册犬免疫密度达 95%以上，免疫犬 100%建立免疫档案
牛结核病	25%以上的规模奶牛养殖场达到净化或无疫标准	50%以上的规模奶牛养殖场达到净化或无疫标准
炭疽	重点地区应免家畜免疫密度达 90%以上，畜间疫情保持点状低发	重点地区应免家畜免疫密度达 95%以上，畜间疫情保持点状低发
马鼻疽	全国消灭	维持全国消灭

三、策略措施

对重点防治病种，国家制定防治技术规范、标准，根据防控需要制定应急实施方案，实行全国统防、部门联防，一病一策、精准治理，区域协同、有效防控。对境外流行、尚未传入的畜间人兽共患病，加强风险防范、监测预警和应急准备，加强口岸和边境防控，强化联防联控。

（一）高致病性禽流感

目前我国高致病性禽流感防控形势总体平稳，要继续落实免疫、监测、扑杀等综合防治措施。

重点防治措施。一是做好强制免疫。坚持预防为主，全面开展家禽强制免疫和抗体监测，确保家禽群体免疫保护水平。有条件的地区，可根据监测评估结果和防治实际探索建立免疫退出机制。二是加强监测预警。组织实施家禽和野禽监测计划，密切监视禽流感病毒流行动态、毒株变异、致病力变化情况。三是严格检疫监管和市场准入。严禁未经检疫、来源不明的家禽及产品入市销售，严格执行活禽市场防疫管理制度，加强疫病监测，发现禽流感病毒污染立即采取休市、消毒等应急处置措施。县级以上地方人民政府应当根据本地情况，依法决定在城市特定区域禁止活禽交易。倡导健康消费理念，加快推进“规模养殖、集中屠宰、冷链运输、冰鲜上市”的生产消费模式。四是推进区域化管理。鼓励、支持各地及养殖场户开展高致病性禽流感净化场、无疫小区和无疫区建设，不断提高家禽养殖场所生物安全水平。

（二）布病

目前我国布病防控形势严峻，对牛羊健康养殖和公共卫生安全构成较大威胁，要继续坚持免疫与净化相结合，严格落实各项综合防治措施，逐步降低畜间流行率。

重点防治措施。一是实施专项防控行动。实施畜间布病防控五年行动方案，强化条件保障，做好技术支持，加强督促指导，全面落实监测、免疫、扑杀、消毒、无害化处理、人员防护等关键措施。二是推进区域化管理。各地根据布病流行状况和畜牧业产业布局，以县为单位确定免疫区和非免疫区，免疫区严格规范开展布病强制免疫，非免疫区强化日常监测和剔除，加大对高风险畜群、地区和环节监测力度。积极推进布病净化场、无疫小区、无疫区建设，提升养殖环节生物安全水平。三是强化牛羊调运监管。严格落实牛羊产地检疫和落地报告制度，做好隔离观察。全面实施畜禽运输车辆和主体备案制度，加强活畜跨区域调运监管，严格指定通道管理。除布病净化场、无疫小区、无疫区，以及用于屠宰和种用乳用外，跨省调运活畜时，禁止布病易感动物从高风险区域向低风险区域调运。四是加强奶畜风险监测。支持奶畜养殖场户开展布病自检，探索建立生鲜乳布病等病原微生物风险监测评估制度。

专栏 3　布病防控五年行动

农业农村部印发《畜间布鲁氏菌病防控五年行动方案（2022—2026 年）》（农牧发〔2022〕13 号），按照源头防控突出重点、因地制宜综合施策、技术创新强化支撑、健全机制持续推进的基本原则，全面落实监测排查、强制免疫、消毒灭源、净化无疫、检疫监督、调运监管、疫情处置、宣传培训、效果评估等 9 项重点任务，强化组织指导、经费保障、技术支持、措施联动、进展反馈等 5 项保障措施。力争通过 5 年时间，有效降低畜间布病总体流行率，提升牛羊群体健康水平，建成一批高水平的牛羊布病净化场和无疫小区。

（三）牛结核病

我国牛结核病在奶牛群体中仍有一定程度流行，防控形势不容乐观，要坚持预防为主，严格落实监测净化、检疫监管、无害化处理等综合防治措施。

重点防控措施。一是加强监测。加大养殖场、屠宰场和交易市场监测力度，及时准确掌握病原分布和疫情动态，科学评估风险，逐步建立完善奶牛个体档案和可追溯标识，对感染牛及时追踪溯源，并对溯源牛群进行持续监测。二是加快推进净化工作。制定净化实施方案，分区域、分步骤统筹推进牛结核病净化工作。对养殖场户实行分类指导、一场一策、逐步净化，有计划地开展防治工作。三是加强生物安全管理。指导养殖场户加强生物安全防控，落实日常消毒措施，提高生物安全水平，及时扑杀牛结核病感染牛并进行无害化处理。四是加强奶牛群体风险监测。支持奶牛养殖场户开展牛结核病自检，探索建立生鲜乳牛结核病等病原微生物风险监测评估制度。

（四）狂犬病

狂犬病是我国法定报告传染病中病死率最高的人兽共患病，要强化免疫、监测流调、疫情处置等关键防治措施落实。

重点防治措施。一是严格实施犬只免疫。指导犬只饲养单位和个人要切实履行法定义务，定期为犬只接种狂犬病疫苗，确保构筑有效免疫屏障。各地可根据狂犬病流行情况、监测评估结果和当地实际，将犬只狂犬病纳入地方动物疫病强制免疫病种。推进狂犬病免疫接种点建设，规范动物诊疗机构接种管理，对免疫犬只建立免疫档案。二是开展监测流调。对出现异常攻击行为或发生不明原因死亡的疑似患病动物及时开展病原学监测，发现确诊病例及时开展疫情溯源和流行病学调查。三是做好应急处置。发生疑似动物狂犬病疫情，及时划定高风险场所或区域，落实传染源调查、高风险区犬只紧急免疫等应急处置措施，严格按规定对染疫动物进行无害化处理。四是加强流浪犬和农村犬只防疫管理。按照动物防疫法规定，指导乡镇人民政府、街道办事处、村（居）民委员会做好本辖区流浪犬的控制和处置，防止疫病传播，县级人民政府和乡级人民政府、街道办事处要结合本地实际做好农村地区饲养犬只的防疫管理工作。

（五）炭疽

目前我国炭疽疫情总体呈点状发生态势，有明显的季节性、区域性，以老疫点和疫源地为高发地区，要强化监测排查、应急处置，针对性免疫、检疫监管等综合防治措施。

重点防治措施。一是做好监测报告。加强高发季节高风险地区监测预警，及早发现和报告疫情。二是严格规范处置疫情。按照“早、快、严、小”原则做好疫情处置，对病畜进行无血扑杀和无害化处理，掩埋点设立永久性警示标志，疫源地周边禁止放牧。三是做好针对性免疫。根据疫情动态和风险评估结果制定重点地区免疫计划，适时开展家畜免疫。四是加强动物卫生监管。严格检疫和调运监管，严厉打击收购、加工、贩运、销售病死动物及其产品等违法违规行为，对死亡动物严格执行“四不准一处理”（不准宰杀、不准食用、不准出售、不准转运、对死亡动物进行无害化处理）措施。加强日常监管，重点地区要加强病死草食动物无害化处理专项整治，根据防控需要配备可移动大动物尸体焚化设备。

（六）包虫病

目前我国包虫病疫情总体比较平稳，四川、西藏、青海等地区疫情相对较重，要实施以控制传染源为主、中间宿主防控与病人查治相结合的综合防治策略。

重点防治措施。一是做好家犬驱虫。包虫病流行区强化家犬登记管理，按户建立家犬驱虫登记卡。全面实行家犬拴养，因地制宜实施限养。根据当地实际定期开展犬驱虫。做好犬粪深埋、焚烧等无害化处理工作。二是加强流浪犬管控。乡镇人民政府、街道办事处、村（居）民委员会要采取措施控制并减少流浪犬数量，在流浪犬聚集场所或经常出没区域定期投放驱虫药饵，并集中收集犬粪进行无害化处理。三是加强综合防疫管理。做好家畜免疫，每年对新生羔羊和新补栏羊进行免疫接种，有条件的地区可对牦牛等进行免疫接种。做好易感动物监测，对牛、羊及家犬做好病原学监测，对免疫动物开展抗体监测。

强化家畜屠宰管理，规范开展屠宰检疫，做好病变内脏的无害化处理，不得随意丢弃家畜脏器。四是加强流行区宣传教育。对牧民和养殖、屠宰、交易等环节从业者做好防治知识宣传，引导养成良好卫生习惯，不随意丢弃家畜内脏，不用生鲜内脏喂犬，对病变内脏进行无害化处理。

（七）日本血吸虫病

日本血吸虫病是严重危害人体健康的重大畜间人兽共患病，要坚持以控制传染源为主的综合防治策略，实施人畜同步查治。

重点防治措施。一是开展家畜疫情监测。开展家畜血吸虫病疫情监测，每年按照国家动物疫病监测与流行病学调查计划进行家畜查治，控制家畜感染，实行网络化和信息化管理，掌握疫情动态。二是加强家畜传染源管理。大力推进农业耕作机械化，逐步淘汰耕牛或以机耕代牛耕，在暂未淘汰耕牛的流行区逐步推行家畜集中圈养。鼓励有条件的流行区发展替代养殖业，减少易感动物饲养量。加强家畜粪便管理，在血吸虫病疫区实施沼气池建设，对人、畜粪便进行无害化处理，通过发酵等方式杀灭虫卵，减少直接排放污染环境，有效切断传播途径。做好流行区易感家畜的检疫工作。三是实施农业灭螺工程。结合农业种植结构调整，对符合条件的水田实施水改旱或者水旱轮作。在有钉螺分布的低洼沼泽地带（非基本农田）开挖池塘、实施标准化池塘改造，发展优质水产养殖业，实行蓄水灭螺。

（八）其他畜间人兽共患病

针对畜间人兽共患病传播流行的三个环节（传染源、传播途径、易感动物），实施综合防治措施，积极开展病媒生物防制和消杀，加强饲养管理，不断提高养殖场所生物安全水平。

重点防治措施。对马鼻疽，继续实施消灭计划，严格落实监测、扑杀、无害化处理、移动控制等关键措施。对日本脑炎（流行性乙型脑炎）、猪链球菌Ⅱ型感染和鹦鹉热，在流行区域对猪、马、牛、羊等易感家畜进行疫苗接种。对旋毛虫病、囊尾蚴病，以屠宰场为重点，严格宰后检疫检验，做好污染肉品的无害化处理。对其他常规防治病种，加强饲养管理、环境消毒、无害化处理、药物治疗、疫病净化，加强人员防护和个人卫生。对牛海绵状脑病、尼帕病毒性脑炎等外来病种，加强国际疫情监视，做好传入风险分析和预警，加强联防联控，健全跨部门协作机制，强化入境检疫和边境监管措施，提高人兽共患病发现识别和防控能力，在边境、口岸等高风险区域开展应急演练，提高应急处置能力。

四、重点任务

（一）完善防治措施

深入推进畜间人兽共患病强制免疫先打后补改革，完善以养殖场户为责任主体，以企业执业兽医、乡村兽医、村级防疫员和特聘防疫专员等社会化服务队伍为技术依托的强制免疫网络。严格落实疫情报告制度，明确疫情报告责任和标准，健全疫情报告体系。完善畜间人兽共患病应急预案和应急响应机制，加强应急物资和能力储备。加强牛羊屠宰管理，有序推进牛羊集中或定点屠宰，健全入场动物查证验物、待宰采样检测和检验检疫制度，建立牛羊屠宰场基础信息系统，强化与动物检疫电子出证系统对接，实现牛羊从产地到屠宰的全程闭环监管。有条件的省份，省级农业农村主管部门在严格确保生物安全的前提下，可探索开展布病、包虫病、牛结核病监测阳性动物集中无害化处理和资源。

（二）抓好监测净化

完善监测预警体系，健全以国家兽医实验室和省市县三级动物疫病预防控制机构为主体的畜间人兽共患病监测预警网络。加强专项监测，有针对性地开展常规监测、净化监测和无疫监测，做到及时发现、快速感知、准确识别。加强宠物疫病、野生动物疫源疫病、外来动物疫病监测预警。强化同卫生健康、海关、林草等部门沟通协调和资源共享，及时相互通报监测信息。强化畜间人兽共患病净化工作，推进防治工作从有效控制向净化消灭转变。建立完善相关奖补政策和激励机制，加快推进畜间人兽共患病净化场、无疫小区和无疫区的建设，建成一批高水平畜间人兽共患病净化场和无疫小区。通过示范带动、典型引领，不断提升养殖环节生物安全水平。

专栏 4　畜间人兽共患病净化

农业农村部印发《农业农村部关于推进动物疫病净化工作的意见》（农牧发〔2021〕29号），按照企业主体政府支持、因地制宜分类施策、点面结合整体推进的基本原则，通过明确净化范围、集成净化技术、完善净化模式、做好净化指导、开展净化评估等措施，以种畜场、奶畜场和规模养殖场为对象，稳步推进布病、牛结核病等 畜间人兽共患病净化；以种畜禽场和规模养殖场为切入点，探索开展高致病性禽流感等重大动物疫病净化。

（三）强化科技支撑

积极支持有条件的单位开展畜间人兽共患病防治相关技术研究和推广，实施新发畜间人兽共患病应急科研攻关储备项目。建设国家人畜共患传染病防控技术研究中心、国家动物疫病防控技术集成创新中心和区域动物疫病防控技术集成基地，组织开展多部门、跨学科联合攻关，加强动物疫病预防控制机构、科研院所和企业科研资源集成融合，构建基础性、前沿性、实用性技术研究、集成创新和示范推广平台，增强防治技术原始创新、集成推广和引进吸收转化能力，解决制约防治工作的关键技术问题。加强畜间人 兽共患病检测试剂、标准样品、仪器设备、治疗药物、中医药技术等方面的研发推广，加快推进新型疫苗和快速诊断与鉴别诊断技术产品的引进、研发、注册和应用，完善相关畜间人兽共患病诊断检测标准，健全畜间人兽共患病菌毒种库、疫苗和诊断制品标准物质库。

（四）推进智慧防治

实施智慧防疫能力提升行动，全面提升畜间人兽共患病系统治理能力。运用互联网、大数据、人工智能、区块链等现代信息技术，织牢织密监测预警网络。建立以动物移动监管为核心的全链条智慧监管体系，建成覆盖养殖场户、屠宰企业、指定通道、无害化处理场、交易市场的智能监控信息系统，开展动物养殖、运输、交易、屠宰、无害化处理等全链条精细化监管，实现养殖档案电子化，检疫证明无纸化、运输监管闭环化。将信息系统配备及与政府监管系统对接情况，纳入养殖场、屠宰场等标准化示范创建，以及动物疫病净化场、无疫小区和无疫区建设评估验收内容，不断提高智慧监管能力水平。

专栏 5　全国智慧防疫能力提升行动

以规模养殖场和畜禽屠宰场点为关键控制节点，以直联直报系统、牧运通 App 及省级畜牧兽医信息平台等为支撑，建立健全养殖、运输、屠宰全链条防疫、检疫监管智慧信息系统。逐步建设覆盖全国所有规模养殖场和畜禽屠宰场的视频监控系统，对规模养殖场实施电子养殖档案管理，逐步实现养殖档案电子化、屠宰管理标准化、检疫证明无纸化。

（五）加强宣传教育

制定畜间人兽共患病防控培训计划，对动物养殖、屠宰加工、动物疫病防控等高风险从业人员，加强畜间人兽共患病防治技术培训，分类编制畜间人兽共患病防治指南，定期组织开展专项健康教育。监督相关单位建立健全人员防护制度，采取有效的卫生防护、医疗保健措施，定期组织工作人员开展健康检查。利用多种方式和重要节点，开展形式多样的主题宣传活动，广泛宣传畜间人兽共患病防治政策和知识，倡导健康饮食和良好生活习惯，提高社会公众防范意识。

（六）完善服务体系

着力培育多元兽医社会化服务组织，完善以执业兽医、乡村兽医为主体，其他兽医从业人员和社会力量为补充的兽医社会化服务体系。鼓励社会化服务体系为生产经营主体提供疫病检测、诊断和治疗等防治服务。积极推进将强制免疫、采样检测、协助检疫等兽医公益服务事项交由社会化服务体系承担。建立完善兽医社会化服务相关制度和标准，强化监督管理，加快构建政府主导的公益性兽医社会化服务与市场主导的经营性兽医社会化服务深度融合的长效机制。

（七）夯实基层基础

加强基层动物防疫体系建设，开展基层动物防疫体系运行效能评估，重点强化市县级动物疫病预防控制机构和动物卫生监督机构，明确机构设置和职能定位，充实畜间人兽共患病防控力量，足额配齐配强乡镇专业人员，实行定责定岗定人，完善工作机制，提升专业能力。各级农业农村部门要加强统筹协调和工作调度，指导动物疫病预防控制机构、动物卫生监督机构、农业综合行政执法机构加强协调配合，共同做好畜间人兽共患病防治工作。协调建立分级投入，分级管理机制，推动地方财政加大兽医实验室投入，加强对不同生物安全级别的实验室的建设和管理。

五、组织保障

（一）强化责任落实

省级农业农村部门要报请省级人民政府，成立畜间人兽共患病防治工作领导小组，加强组织协调和统筹调度，分解目标任务，明确各方责任。结合本地畜间人兽共患病流行情况和经济社会发展状况，制定实施本行政区域的畜间人兽共患病防治规划。全面落实政府属地管理责任、部门监管责任和生产经营者主体责任，确保畜间人兽共患病防治规划各项目标任务和措施落到实处。

（二）强化条件保障

省级农业农村部门要统筹使用中央财政动物防疫补助等经费项目，协调加大省级财政支持力度，全面推进免疫、监测、流调、扑杀、净化、评估、检疫监督、无害化处理、应急处置、人员防护等畜间人兽共患病防治工作。县级以上地方人民政府要采取措施稳定畜间人兽共患病防控队伍，将畜间人兽共患病防治经费纳入本级财政预算，保障公益性事业经费支出，落实畜牧兽医医疗卫生津贴等相关待遇，确保畜间人兽共患病防治责有人负、活有人干、事有人管。

专栏 6 重点支持政策项目

1. 强制免疫补助：主要用于开展动物疫病强制免疫、免疫效果监测评价、疫病监测和净化、人员防护等相关防控措施，以及实施强制免疫计划、购买防疫服务等方面。对符合条件的养殖场户实行强制免疫“先打后补”，在 2025 年年底前逐步全面停止政府招标采购强制免疫疫苗；对暂不符合条件的养殖场户，继续实行省级集中招标采购强制免疫疫苗。 2. 强制扑杀和销毁补助：主要用于预防、控制和扑灭动物疫病过程中，被强制扑杀动物的补助和农业农村部门组织实施销毁的动物产品和相关物品的补助等方面。补助对象为被依法强制扑杀动物的所有者、被依法销毁动物产品及相关物品的所有者。 3. 养殖环节无害化处理补助：主要用于养殖环节病死猪无害化处理等方面。按照“谁处理，补给谁”的原则，补助对象为承担无害化处理任务的实施者。 4. 陆生动物疫病病原学监测区域中心建设：在畜禽养殖密集、动物疫病流行状况复杂、防控任务重的地区，依托地市级动物疫病预防控制机构，更新改造升级病原学监测实验室，提升病原学监测能力，及时准确掌握相关病种的流行态势和病原分布状况，提升监测调查和预警分析能力。 5. 边境动物疫情监测站建设：为加强边境动物及陆生野生动物的疫病监测预警和风险防范能力，在外来病传入高风险区的内陆边境县建设边境动物疫情监测站，承担边境地区优先防治病种以及重点防范外来病的监测、流行病学调查、巡查监视和信息直报任务。 6. 动物防疫指定通道建设：对经省级人民政府批准设立的动物防疫指定通道相关设施设备进行更新或改造，配备监督执法和信息化装备设施，提升查证验物能力，堵截染疫动物，控制流通环节动物疫病传播扩散风险。 7. 牧区动物防疫专用设施建设：在牧区县和半牧区县建设牧区动物防疫专用设施，解决牧区防疫工作中由于放牧大动物数量多导致的家畜不易保定、免疫监测工作难开展等问题，确保免疫、监测、诊断等防控工作有效开展，提高动物防疫工作质量和效果。

（三）强化机制创新

理顺畜间人兽共患病防治工作机制，健全行政管理、技术支撑和监督执法体系，明确各类工作机构职能定位，加强协调配合，增强防治合力。完善农业农村、卫生健康、海关、林草等部门参与的畜间人兽共患病防治协作机制，建立情况通报、联合会商、分析研判、风险评估等工作制度，加强信息沟通和措施联动。探索利用大数据信息、人工智能技术确定重点人群和对象，精准推送畜间人兽共患病防治信息，及时发布疫病监测情况和风险提示，增强相关从业者和社会公众的防疫意识和能力。

（四）强化督促指导

省级农业农村部门要会同有关部门，依据本规划制定畜间人兽共患病防治任务清单和监测指标，组织开展督促指导和跟踪评价。对在动物防疫工作、相关科学研究、动物疫情扑灭中做出贡献的单位和个人各级人民政府和有关部门按照国家有关规定给予表彰、奖励。要将职务职级晋升和职称评定、表彰奖励向业绩突出、考核优秀的基层动物防疫人员倾斜。农业农村部将组织对规划实施情况开展阶段性评估指导，结合春防秋防检查，定期调度和通报有关情况，并将结果与动物防疫补助等经费项目费分配挂钩。

附录 9

畜间布鲁氏菌病防控五年行动方案（2022—2026 年）

布鲁氏菌病（以下简称“布病”）是由布鲁氏菌属细菌感染引起的人畜共患传染病，是当前我国重点防控的人畜共患传染病之一。为加强畜间布病防控，降低流行率和传播风险，促进畜牧业高质量发展，维护人民群众身体健康，制定本方案。

一、总体要求

（一）指导思想

贯彻习近平总书记关于加强国家生物安全风险防控和治理体系建设指示精神，坚持人民至上、生命至上，实行积极防御、系统治理，有效控制传染源、阻断传播途径、提高抗病能力，切实做好布病源头防控工作，维护畜牧业生产安全、公共卫生安全和生物安全。

（二）基本原则

——源头防控，突出重点。坚持人病兽防、关口前移，重点抓好种牛、种羊、奶牛、奶山羊和肉羊的布病防控，统筹抓好肉牛、猪、鹿、骆驼和犬等其他易感动物的布病防控，切实降低流行率，有效防范传播风险。

——因地制宜，综合施策。坚持一地一策，根据各地布病流行形势，以县为基本单位连片推进布病防控，免疫区以实施持续免疫为主，非免疫区以实施持续监测剔除为主，有效落实各项基础性、综合性防控措施。

——技术创新，强化支撑。坚持科技引领，推动畜间布病快速鉴别诊断技术和防控模式创新应用，加强基层防控能力建设，统筹利用国家兽医实验室、疫控机构、科研教学单位、龙头企业等技术力量，不断提高布病防控技术支撑水平。

——健全机制，持续推进。坚持夯实基础，不断强化基层动物防疫体系建设，压实属地管理、部门监管和生产经营者主体责任，注重布病防控与各项支持政策相衔接，构建系统化、规范化、长效化政策制度和工作推进机制。

（三）主要目标

总体目标：到 2026 年，全国畜间布病总体流行率有效降低，牛羊群体健康水平明显提高，个体阳性率控制在 0.4%以下，群体阳性率控制在 7%以下。

免疫指标：布病强制免疫工作有效开展，免疫地区免疫密度常年保持在 90%以上，免疫建档率 100%，免疫奶牛场备案率 100%，免疫评价工作开展率 100%。

净化指标：布病净化和无疫小区建设工作扎实推进，内蒙古 20%以上，辽宁、四川、陕西、甘肃、新疆 50%以上，其他省份 80%以上的牛羊种畜场（站）建成省级或国家级布病净化场、无疫小区；各省份 30%以上的规模奶牛场达到净化或无疫标准；每省份每年建成 3 个以上（含 3 个）省级或国家级布病净化场、无疫小区。

宣传培训指标：从事养殖、运输、屠宰、加工等相关重点职业人群的布病防治知识知晓率达 90%以上，基层动物防疫检疫人员的布病防治知识普及覆盖面达 95%以上。

能力建设指标：90%以上的县级动物疫病预防控制机构具备开展布病血清学确诊检测能力；河北、山西、内蒙古、辽宁、吉林、黑龙江、山东、河南、陕西、甘肃、青海、宁夏、新疆、新疆生产建设兵团等重点省份省级和市级动物疫病预防控制机构，年度采样监测覆盖 100%的牛羊调出大县和牛羊养殖大县（各省份自行确定养殖大县名单）。

二、重点任务

（一）监测排查

各地按照监测计划要求加强布病日常监测，根据流行程度确定监测数量和频次，扩大覆盖面，及早发现并剔除阳性个体。建立日常排查制度，对调入牛羊、引起人感染布病和高流产率畜群以及其他可疑情况，及时开展排查、隔离、采样、检测和报告等工作。对阳性场群，有针对性地持续开展全群跟踪监测，确保覆盖区域内所有存在阳性个体和造成人感染情况的场群。

（二）强制免疫

制定完善本省份布病强制免疫计划，扎实做好牛羊场群免疫工作，强化备案管理，健全免疫档案，开展免疫评价，确保免疫密度和效果，提升群体抵抗力，切实打牢布病防控基础。指导地方和养殖场户按照《家畜布鲁氏菌病防治技术规范》要求开展强制免疫，加强重点区域和场户免疫情况监督抽检。支持和引导第三方社会化服务组织参与布病免疫等防疫工作。

（三）消毒灭源

定期集中组织开展牛羊养殖、运输、屠宰、无害化处理等关键场所和环节“大清洗、大消毒”专项行动，有效消灭传染源。指导牛羊养殖场、屠宰场等场所建立健全生物安全管理制度，强化人员、物流隔离和消毒措施，及时对污染的场所、用具、物品进行彻底清洗，不断提高生物安全水平。

（四）净化无疫

按照《农业农村部关于推进动物疫病净化工作的意见》等文件要求，以种畜场、奶畜场和规模牛羊场为重点，全面开展布病净化场和无疫小区建设，每年建成评估一批高水平的布病净化场和无疫小区。优先支持国家级牛羊养殖标准化示范场、休闲观光牧场等开展布病净化。鼓励具备条件的地区和企业，开展连片净化和无疫小区建设，通过以点带面，逐步推开，全面提升养殖环节布病防控能力和区域布病综合防控水平。

（五）检疫监督

建立防疫检疫工作联动机制，推动监测排查、强制免疫等情况与检疫申报有效衔接。利用“牧运通”等信息化载体和手段，深入推行智慧检疫，实现检疫监督全链条信息闭环管理。规范检疫出证，强化检疫监管，监督养殖主体和贩运人严格落实动物检疫申报、落地报告制度，实现动物调运启运地、途经地、目的地全程可追溯。有序推进牛羊集中或定点屠宰，强化检疫检验，建立牛羊及其产品进出台账，记录来源和流向，确保可追溯。

（六）调运监管

全面实施畜禽运输车辆和人员备案制度，充分发挥动物防疫指定通道作用，加强活畜跨区域调运监管，防止畜间布病跨区域传播。按照农业农村部公告第2号要求，除布病无疫区、无疫小区、净化场，以及用于屠宰和种用乳用外，跨省调运活畜时，禁止布病易感动物从高风险区域（免疫区）向低风险区域（非免疫区）调运。切实理顺地方行业监管和农业综合执法关系，推进行刑衔接，加大对违法违规调运行为的打击力度。

（七）疫情处置

严格按照《家畜布鲁氏菌病防治技术规范》要求处置疫情，对发病和监测阳性动物进行扑杀，对同群动物进行隔离监测，对病畜圈舍环境、集中放牧区域、被污染的场地等进行规范消毒，对扑杀动物、流产物、被污染物等进行无害化处理。对阳性率较高的场群，应及时剔除阳性动物、开展免疫或整群淘汰。在确保生物安全的前提下，积极稳妥探索开展阳性动物集中无害化处理和资源化利用试点。

（八）宣传培训

会同卫生健康、林草等有关部门利用多种手段进行布病防治政策和措施宣传，科普布病防治知识。对消费群体，倡导养成健康消费习惯，不食用未加热成熟的牛羊肉，不饮用未消毒杀菌的生奶。对从事养殖、运输、屠宰、加工等重点人群开展专门宣传，不断强化防范意识，指导做好消毒、隔离等防护措施。

对动物防疫检疫人员，组织开展集中培训，熟练掌握布病疫苗接种和防护用品使用要领，确保操作规范，防护到位。

（九）效果评估

省级农业农村部门要定期对辖区内布病防控效果进行评估，根据评估结果及时调整防控策略和措施。定期开展畜间布病流行病学调查，掌握本地区布病疫情发生规律、流行趋势和风险因素，对免疫状况、调运情况、流行动态和监测结果进行汇总分析，及时对疫情进行预警。对布病防控措施落实不到位、防控效果较差的地区，及时予以通报、督促抓好整改，对防控成效突出的单位和个人进行表彰。

三、保障措施

（一）强化组织指导

各地要健全工作机制，压实属地管理责任，成立由农业农村部门牵头的畜间布病防控领导小组，加强组织领导和统筹协调，分解目标任务，强化督促指导，确保各项防控措施落地见效。农业农村部将结合春秋防检查，定期调度和通报有关情况，并将结果与动物防疫补助等项目经费分配挂钩。

（二）强化经费保障

各地要将畜间布病防控所需经费纳入本级财政预算，合理安排和使用中央财政动物防疫补助经费，重点保障强制免疫、监测净化、消毒灭源、宣传培训、评估指导等工作需要。将布病防控与畜牧业发展支持政策结合，在统筹安排涉农涉牧项目资金时，优先支持开展布病防控相关工作，对通过评估的布病无疫区、无疫小区和净化场进行先建后补、以奖代补。积极探索开展奶牛布病保险，作为强制扑杀补助的有效补充。

专栏　重点支持政策项目

1. 强制免疫补助：主要用于开展布病等动物疫病强制免疫疫苗采购、储存、接种及免疫效果监测评价、疫病监测和净化、人员防护等相关防控工作，对实施强制免疫和购买动物防疫服务予以补助等。 2. 强制扑杀补助：主要用于对在布病预防、控制、净化、消灭过程中强制扑杀的羊、肉牛、奶牛等动物及销毁的动物产品和相关物品的所有者给予适当补偿。 3. 陆生动物疫病病原学监测区域中心建设：在畜禽养殖密集、动物疫病流行状况复杂、防控任务重的地区，依托地市级动物疫病预防控制机构，更新改造升级病原学监测实验室，提升病原学监测能力，及时准确掌握相关病种的流行态势和病原分布状况，提升监测调查和预警分析能力。 4. 边境动物疫情监测站建设：为加强边境动物及陆生野生动物的疫病监测预警和风险防范能力，在外来病传入高风险区的内陆边境县建设边境动物疫情监测站，承担边境地区布病等优先防治病种以及重点防范外来病的监测、流行病学调查、巡查监视和信息直报任务。 5. 动物防疫指定通道建设：对经省级人民政府批准设立的动物防疫指定通道相关设施设备进行更新或改造，配备监督执法和信息化装备设施，提升查证验物能力，堵截染疫动物，控制流通环节动物疫病传播扩散风险。 6. 牧区动物防疫专用设施建设：在牧区县和半牧区县建设牧区动物防疫专用设施，有效解决牧区防疫工作中由于放牧大动物数量多导致的家畜不易保定、免疫监测工作难开展等问题，提高工作效率，降低工作强度，确保布病免疫、监测、诊断等防控工作有效开展，提高防疫工作质量和效果。

（三）强化技术支持

中国动物疫病预防控制中心要做好布病疫情监测、强制免疫指导、防控技术推广服务和防控效果评估。布病国家参考实验室、专业实验室和其他国家兽医实验室要深入开展布病诊断技术及疫苗免疫程序和效果研究，在快速鉴别诊断技术、试剂和疫苗研发方面取得突破。各地农业农村部门要组建布病防控技术专家团队，建立防控专家咨询机制，定期组织开展疫情风险研判；组建布病防控应急专业队伍，加强技术人员培养，提高防治水平和服务能力。

（四）强化措施联动

各级农业农村部门要积极与卫生健康、林草、市场监管、公安等相关部门协调，建立联防联控机制和联席会议制度，加强工作交流，强化疫情会商、信息沟通、措施联动。建立疫情联合调查和处置机制，定期对布病防治工作情况进行巡查检查，发现问题及时解决，有效推动各项工作开展。

（五）强化进展反馈

各地要根据本方案细化各项措施，制定本省份布病防控行动方案，确定并公开免疫县、免疫奶牛场名单，于今年 7 月 30 日前将行动方案、免疫县和免疫奶牛场名单报农业农村部畜牧兽医局备案。每年 1 月底前，将上一年度布病防控工作进展情况报农业农村部畜牧兽医局，免疫县、免疫奶牛场名单变化情况一同报送。

附录 10

布鲁氏菌病防控技术要点
(第一版)

根据《中华人民共和国动物防疫法》《中华人民共和国传染病防治法》《动物检疫管理办法》《布鲁氏菌病防治技术规范》《布鲁氏菌病诊疗指南(试行)》等法律、法规和规范性文件要求，针对当前布鲁氏菌病（以下简称布病）流行态势、防控难点和实际需求，制定本要点。主要用于指导牛羊（牦牛、骆驼等易感动物）养殖等从业人员、基层动物防疫和疾控人员布病防控工作。

一、加强饲养卫生管理

(一) 坚持自繁自养和引种检疫

养殖场（户）应坚持自繁自养，如需引种，事先做好引进动物的疫病检测或查验检测报告，防止购入病畜和隐性感染畜。运输车辆消毒后方可进场，预留隔离舍。隔离饲养引入动物，确定无疫病后，方可混群饲养。必要时按规定程序进行免疫接种。

(二) 加强日常管理

畜群分群管理，定时、定量饲喂，保持日粮的相对稳定，保证足够新鲜、清洁、适温的饮水。做好冬季防寒、夏季防暑工作，注意圈舍通风。做好环境卫生工作，及时清粪，保持圈舍、运动场清洁卫生。实施雨污分离，保证排水顺畅。设置单独产房，加强产后消毒工作。放牧时，做到不与其他畜群混合放牧。

(三) 加强日常临床巡查

观察畜群采食、饮水、精神状态，发现母畜流产、不孕、乳腺炎，公畜睾丸肿大、关节炎等临床异常情况，要及时报告送检，做进一步诊断。

（四）做好各项档案记录和标识管理

详细记录和保存养殖、免疫、检测、诊疗、消毒、无害化处理、生物安全管理等记录，做到及时归档、分类保存。规范使用耳标等各类个体标识，详细记录个体生产信息，对养殖家畜实施可追溯管理。

二、规范免疫措施

（一）基本要求

按照国家和当地布病免疫政策要求做好布病免疫工作，免疫县非免疫场和非免疫县免疫场应按相关规定及时报备。科学选择疫苗，规模场实行程序免疫，散养户实行春秋两季集中免疫。确保畜群应免尽免，强化免疫人员个人防护，做好免疫记录和档案。对实施布病免疫的场户，应及时开展免疫后抗体监测，确保免疫质量和密度。

（二）推荐免疫程序

1. 羊免疫程序

（1）布鲁氏菌活疫苗（S2 株）：推荐皮下或肌肉注射免疫，口服（灌服）免疫也可，不推荐饮水免疫。口服（灌服）免疫可用于孕畜（包括牛），注射免疫不能用于孕畜（包括牛），小尾寒羊、湖羊等四季配种产羔的羊种慎用。每年对3~4 月龄健康羔羊实施免疫，以后每年可视免疫效果加强免疫一次。对于调入调出羊只频繁的育肥场（户）、阳性率较高的自繁自养场（户）剔除阳性家畜后，可每年春季或秋季对所有存栏羊只实施整群免疫。

（2）布鲁氏菌基因缺失活疫苗（M5−90Δ26 株）或布鲁氏菌活疫苗（M5 株）：用于 3 月龄以上的羊免疫，母羊可在配种前 2~3 月期间接种，腿部或颈部皮下注射。以后每年接种一次。不可用于孕畜。

2. 牛免疫程序

布鲁氏菌基因缺失活疫苗（A19−ΔVirB12 株）或布鲁氏菌活疫苗（A19

株)：3~8 月龄牛免疫，皮下注射，必要时可在 12~13 月龄（即第 1 次配种前一个月）再低剂量接种 1 次；以后可根据牛群布病流行情况决定是否再进行接种。不可用于孕畜。

3. 其他动物免疫程序

骆驼和牦牛参照牛的免疫程序执行。

（三）免疫接种

1. 免疫时间

免疫应尽可能避开高温季节、湿热天气、刮风和怀孕、分娩高峰期。

2. 人员要求

免疫人员应掌握布病危害及防控、应急处置等相关专业知识，并能熟练操作。所有在场人员，包括保定人员、免疫操作人员、畜主、饲养员等均应站在上风向或动物侧面，做好个人防护。

3. 动物要求

动物免疫接种前、后 3 日内禁止使用抗生素。用保定绳、保定栏或分羊栏保定动物，使其头部和身体不能移动。

4. 免疫器械及消毒

口服免疫时使用已经消毒的布病疫苗专用全封闭式投药器或连续投药枪进行免疫；注射免疫应使用一次性注射器或连续注射器，可选择腿部内侧或颈部两侧进行皮下注射。

5. 免疫前后消毒

免疫前应对场地进行全面压尘消毒；免疫结束后对场地、设施设备、人员、防护用品及疫苗瓶等进行及时消毒和无害化处理。

6. 疫苗保存和使用

疫苗全程冷链运输低温保存。严格按照疫苗说明书要求配制、稀释和使用。疫苗开启后，限当日使用，确保疫苗效力。

（四）应急处置

1. 应激反应的处置

免疫后如动物出现体温升高、饮食欲减退等应激反应，一般无须处理，在 3 日内可自行恢复正常；严重者可注射肾上腺素、地塞米松等药物，并采取辅助治疗措施。

2. 疫苗泄漏的处置

免疫过程中，如有划伤、疫苗喷出或泄漏，及时对人员进行消毒，轻微伤口立即自行冲洗，并及时就医。对环境、器械等进行彻底消毒。

三、畜间布病监测

（一）动物疫病预防控制机构监测

动物疫病预防控制机构按照《国家动物疫病监测与流行病学调查计划》要求，规范开展家畜布病监测。对于免疫群，需要记录背景信息（包括动物种类、年龄、免疫时间、免疫途径、疫苗名称、疫苗厂家、调运情况等），牛免疫 A19 疫苗 12 个月后、羊免疫 S2 疫苗 6 个月后，可按监测要求进行疫病监测。对非免疫群，对大于 2 岁的所有牛群和大于 6 月龄的所有羊群，可按监测要求进行疫病监测。

（二）养殖场户监测

养殖场（户）要严格落实动物防疫主体责任，做好日常巡查，积极配合当地动物疫病预防控制机构做好布病监测工作。有条件的场户，可自行或委托兽医社会化服务组织对本场开展布病监测。

四、畜间疫情报告和处置

（一）疫情报告

规模养殖场（户）制定布病疫情报告和应急处置预案，当发生疑似病例时，根据规定向所在地农业农村主管部门或动物疫病预防控制机构报告。散养户发现流产等疑似病例时，及时报告村级防疫员或乡镇动物防疫人员，由其向当地动物疫病预防控制机构报告，或直接报告当地动物疫病预防控制机构。

（二）疫情处置

接到报告后，相关机构应及时派专业技术人员到现场进行诊断和流行病学调查。确认畜间布病疫情的，按《布鲁氏菌病防治技术规范》要求严格处置，扑杀患病动物。开展流行病学调查，隔离饲养同群畜和有流行病学关联的畜群，加强临床排查，必要时开展应急监测。连续 2 次间隔 30 d 检测为阴性的，解除隔离。

（三）隔离阳性动物

在养殖场生产区域下风口用 2 道栅栏或实体围墙隔离，设置阳性动物隔离区，与健康牛羊舍保持至少 5 m 距离。隔离区内工作人员、车辆、用具等要相对固定，进出口设置专门消毒设施，对进出的人员和车辆等进行严格消毒。奶畜隔离区配备专门的挤奶设备和全密封巴氏高温杀菌设备，分区挤奶并对阳性动物产的鲜奶进行巴氏高温杀菌。

（四）无害化处理

按照病死及病害动物无害化处理相关技术规范要求，或按照地方兽医管理部门规定，对病死、扑杀牛羊进行无害化处理，对日常检疫中发现的患病牛羊及其流产胎儿、胎衣、排泄物、乳、乳制品等进行严格彻底的无害化处理，对患病动物污染的场所、用具、物品严格进行消毒。由无害化处理公司统一处理的，一律收集后交由其进行处理；无统一处理条件的，设立专门的无害化处理池。污染的饲料、垫料和阳性动物粪便等，可采取深埋发酵或焚烧的方式无害化处理。

（五）实行彻底消毒

对阳性动物污染的牛羊舍、运动场、挤奶厅、运输设备、用具、物品等，要每天至少 2 次严格消毒，持续 2 周以上。阳性动物隔离区每天至少全面彻底消毒 2 次，直到隔离的阳性动物全部处置完毕为止。牛羊产后要对产房进行全面彻底消毒，对流产物污染的地方进行严格彻底消毒。

五、开展布病净化和无疫建设

（一）开展布病场群净化和无疫建设

牛羊养殖场依据《动物疫病净化场评估技术规范》《无布鲁氏菌病小区标准》等技术指导文件，在各级动物疫病预防控制机构和相关机构的指导和帮助下，针对本场布病本底调查情况，并考虑自身条件和本场实际，“一场一册”制定相应净化或无疫小区建设方案。建立完善的防疫和生产管理等制度，优化生产结构和建筑设计布局，构建可靠的生物安全防护体系。采取严格的生物安全措施，加强人流、物流管控，实行“自繁自养”生产模式，降低疫病水平传播风险。强化对引入种用动物和本场留种动物监测，降低疫病垂直传播风险。持续开展病原学监测和感染抗体监测，通过淘汰带菌动物、分群饲养等方法建立健康动物群，以布病阴性的生产核心群为基础，逐步扩大健康群，最终实现全场净化和无疫。

（二）开展布病区域净化和无疫建设

有条件的地区，可集中连片推进布病场群净化或无疫小区建设，以点带面，积极推广疫病监测、风险评估、分级防控、调运监管、生物安全管理等布病区域净化技术，在区域内开展本底调查和风险评估，制定实施监测净化或无疫建设方案，建立区域生物安全综合防控体系，强化家畜流动监管措施，统筹规模场和散养户，统筹畜间防控和人间防控，推进区域内养殖、运输、屠宰全链条防控，全方位强化区域内布病系统治理水平，实现区域布病净化和无疫。

六、及时清理和消毒

（一）环境清理

保持场区内雨水沟通畅，无淤积物堵塞，及时清理粪污等异物。圈舍内定期更换垫料，及时更换饮水，清理剩草料和粪便。清理青贮窖周围积水，保持青贮窖排水沟通畅。粪污存放地点应防雨、防渗漏、防溢流，保持粪堆规整，易于覆膜发酵，周边无散落粪便。生活区内垃圾定点存放，并集中处理。开展预防性灭蚊蝇、灭鼠工作。不散养犬猫等其他动物。

（二）环境消毒

圈舍用 1∶400 氯制剂喷雾消毒或无家畜时用 2%~3%的火碱消毒，日常每周 2 次，疫情发生时每天 2 次。场区、运动场、主干道及粪场用 3%火碱喷洒消毒，每周 2 次。产房每次使用后立即用 2%~3%火碱或 1∶400 氯制剂进行消毒，生产用具用 1∶400 氯制剂浸泡或喷洒消毒。饲槽水槽用 1∶400 氯制剂清洗消毒，每周 2 次。隔离舍、装卸台、磅秤及周转区周围环境，在每次畜群流动前后，用 2%~3%的火碱或 1∶400 氯制剂消毒 1 次。进场车辆用 1∶400 氯制剂喷雾消毒。更衣室用 1∶800 氯制剂每天消毒 1 次，下班后用紫外线进行消毒。奶畜场挤奶厅每天消毒 1 次。

七、严格报检和检疫

（一）落实动物检疫申报制度

1. 出售牛羊等易感动物及其产品

出售或者运输牛羊等易感动物及其产品的，货主或养殖者应当提前三天向所在地动物卫生监督机构申报检疫。

2. 屠宰牛羊等易感动物

屠宰牛羊等易感动物的，应当提前六小时向所在地动物卫生监督机构申报检疫；急宰的，可以随时申报。

3. 向无疫区输入牛羊等易感动物及其产品

向牛羊无规定动物疫病区输入牛羊等易感动物及其产品，货主除按上述要求向输出地动物卫生监督机构申报检疫外，还应当在起运三天前向输入地动物卫生监督机构申报检疫。输入易感动物的，向输入地隔离场所在地动物卫生监督机构申报；输入易感动物产品的，在输入地省级动物卫生监督机构指定的地点申报。

4. 落地报告

购入活畜要进行落地报告，告知当地动物卫生监督机构。购入种用、乳用动物在当地隔离场或者饲养场内隔离饲养 30 d，经布病复检结果为阴性的方可合群饲养。购入其他布病易感动物的，确保无布病感染后方可合群饲养。

（二）严格实施动物检疫工作

动物卫生监督机构接到检疫申报后，应当及时对申报材料进行审查。申报材料齐全的，予以受理。受理申报后，动物卫生监督机构应当指派官方兽医实施检疫，可以安排协检人员协助官方兽医到现场或指定地点核实信息，开展临床健康检查。官方兽医严格按照《动物检疫管理办法》做好相应的产地检疫、屠宰检疫、进入牛羊无规定动物疫病区的动物检疫等工作，经检疫符合规定的，出具动物检疫证明。

八、加强生物安全管理

（一）配备生物安全硬件设施设备

养殖者要树立生物安全防护意识，规模场区入口应设置车辆消毒池、覆盖全车的消毒设施以及人员消毒设施。场区内的区域按生物安全风险等级实施分区管理，办公区、生活区、生产区、粪污处理区、病死动物无害化（暂存）处理区应严格分开。生产区距离其他功能区 50 m 以上或通过物理屏障有效隔离，生产区入口应设置人员消毒、淋浴、更衣设施。不同生物安全风险等级的区域之间应设立跨区通道，并配备相应的清洗消毒等生物安全防护设施设备。散养户周围应建有围墙、网围栏等物理屏障，并实行人畜分离。

（二）健全生物安全管理体系和制度

按照防疫要求对畜群开展健康状况分析、疫病监测、废弃物处理及风险评估，严格执行各项生物安全措施。加强车辆、人员、饲料、饲草、兽药和其他投入品入场管理，制定科学合理的卫生防疫制度和布病防控应急预案，规模养殖场（户）应设立配套兽医室，配备与生产规模相适应的动物防疫技术人员，中小养殖场（户）可委托兽医社会化服务组织、乡村兽医等提供技术服务。

九、做好人员防护

（一）总体要求

工作中应注意个人卫生，勤洗手消毒，禁止吸烟、吃零食，合理佩戴防护用品。工作完成后，先用消毒水洗手，再用肥皂和清水冲洗。工作场地应及时清扫消毒。皮肤、手臂如有刮伤、破损，要及时冲洗消毒、包扎。入职前要体检，必要时留存本底血清，上岗前开展职业防护教育。每年要定期进行健康检查，发现患有布病的应调离岗位，及时治疗。

（二）饲养饲喂人员

进入圈舍须佩戴口罩、穿戴工作服、胶鞋、手套等防护用品，防止吸入含菌灰尘，避免直接接触病畜及其排泄物、分泌物。进行消毒的工作人员必须做好个人防护，佩戴齐全护目镜、口罩、手套等防护用品。

（三）产房工作人员

处理难产、流产和病畜的排泄物、分泌物、胎盘、死胎及接生过程，需穿防护服、戴手套和护目镜，禁止赤手接产及直接接触流产胎儿等。工作结束后应及时洗手、洗脸，工作场地要及时清扫、消毒，对使用的防护装备也要进行消毒。

（四）配种、剪毛、挤奶等人员

工作时必须穿工作服和工作鞋，戴好乳胶手套、口罩、帽子，工作结束后必须洗手，注意个人卫生。工作场所如有定向气流，人应该选择在上风向工作。

（五）从事实验室检测人员

按照相应生物安全级别的实验室防护要求，佩戴人员防护用品，执行各项消毒规定。

（六）动物疫病防治人员

在开展免疫、采样、保定、扑杀、无害化处理等工作时应佩戴口罩、乳胶手套（长臂乳胶手套）、防护帽、护目镜、防护服、防水长筒胶靴等人员防护用品。工作结束后对全身进行消毒，对一次性防护用品进行无害化处理，重复使用的防护用品做彻底消毒处理。

十、强化宣传教育

（一）加强健康教育

加强对职业人群的健康教育。对养殖场（户）相关人员，挤奶、接产、诊疗人员，屠宰和畜产品加工人员，实验室诊断检测人员等高危职业人员进行防控知识宣传，养殖场（户）落实防疫主体责任，相关从业者严格执行个人防护制度，采取防护措施，避免人员感染。

（二）加强宣传培训

1. 加强防治技术培训

加强布病防疫人员技术培训，基层防疫人员应熟练掌握采血、免疫、消毒、检测、个人防护等防治技术要点，指导养殖场（户）做好各项防控工作。

2. 推广健康养殖行为

倡导人畜分居，不要在居室内饲养家畜，不用人用碗盆喂养家畜，不和牛犊和羊羔玩耍。开展人居环境整治，提升散养户院落整洁度，推行畜禽粪便、病死动物集中存放集中处理，引导开展规范化、标准化家庭养殖，减少环境污染和疫病传播风险。

3. 培养健康习惯

培养健康饮食习惯和良好个人卫生习惯，不吃不清洁的食物，饭前洗手，不喝生水。家庭用的菜刀、菜案，要生熟分开；切生肉的刀、案，要用热水消毒，避免污染其他餐具。倡导不食用病死家畜肉、不喝未经加热煮沸的生鲜奶、不吃生肉等健康饮食习惯，不购买、出售、食用现挤的牛羊奶。

十一、人间布病监测

（一）病例监测

1. 从业人员自我监测

从业人员如有持续数日的发热（包括低热）、乏力、多汗、关节和肌肉疼痛等表现，应怀疑是否得布病，及时就医，并告知医生有病畜或者疑似病畜接触史。若确诊为布病，应按医嘱规范、足疗程服药，按时复查，在医生判断治愈后方可停药、避免慢性化危害。确诊布病后，应提醒有病畜或疑似病畜接触史的家人、亲友和同事，如有上述布病可疑症状及时就诊；配合疾控机构完成个案流行病学调查。

2. 医疗卫生机构诊断与报告

各级各类医疗卫生机构、疾病预防控制机构按照我国《布鲁氏菌病诊断标准》对病例进行诊断，发现病例（包括疑似病例、临床病例和实验室确诊病例）后，应当于24小时内进行网络直报。

3. 疾控机构开展个案流调

县（区）级疾病预防控制机构，在接到辖区内的病例报告后，要在24小时内完成报告卡审核，对临床诊断病例和确诊病例进行个案流行病学调查，按照我国人间布病监测方案要求填写《布病病例个案调查表》，主要调查感染来源，发现暴发线索，尤其食源性暴发，及时调查处置。

4. 突发公共卫生事件信息报告

饲养场、家畜集散市场、屠宰加工厂等单位和各级各类医疗卫生机构发现人间布病暴发疫情或其他突发公共卫生事件信息时，应按规定及时向当地县（区）级疾病预防控制机构报告。

（二）监测点强化监测

疾病预防控制机构按照《全国布鲁氏菌病监测工作方案》要求，在监测点强化人间布病监测，并开展重点职业人群血清学监测、病原学监测和畜间疫情收集工作。

十二、人间布病疫情调查和处置

（一）疫情调查和处置

疾病预防控制机构对发现的人间布病暴发或新发疫情开展流行病学调查，对病例的传染来源、暴露因素、生产和生活环境开展调查。按照《布鲁氏菌病诊断标准》规定的疑似病例定义开展病例搜索。搜索范围为首发病例发病前三周至调查之日内，接触过可疑病畜或畜产品，或暴露于可能被传染源污染的环境的人群。对搜索到的疑似病例应及时采样，进行布病血清学检测。对暴发疫情、新发疫情及其他突发公共卫生事件涉及的病例及对可疑的传播因子均开展病原学检测。

联合动物疫病预防控制机构及时汇总有关调查信息，分析疫情特征，确定造成本次疫情的传染源、传播方式和途径，追溯致病畜群或畜产品的来源，开展风险评估，提出处理建议。

（二）病例救治

布病病例治疗原则是早期、联合、足量、足疗程用药，必要时延长疗程，以防止复发及慢性化。常用多西环素联合利福平或链霉素，有并发症的患者叠加使用三代头孢类或喹诺酮类抗生素。儿童可使用利福平联合复方新诺明儿科悬液治疗；8 岁以上儿童治疗药物选择同成年人。妊娠 12 周内选用利福平联合三代头孢菌素类治疗，妊娠 12 周以上可使用利福平联合复方新诺明治疗。具体参照《布鲁氏菌病诊疗指南（试行）》。布病病例无须隔离治疗。

十三、联防联控

各级动物疫病预防控制机构和疾病预防控制机构建立布病联防联控机制，相互通报疫情信息，根据防控工作实际需要，联合处置疫情和开展流行病学调查，联合开展布病防治知识宣传教育，重点指导高危人群做好个人防护、及时就诊、正确处理病畜及其产品。密切配合当地宣传部门做好媒体风险沟通，避免群众恐慌，加强防护意识，减少舆情风险。

附录 11

跨省调运乳用种用家畜产地检疫规程

1　适用范围

本规程规定了跨省、自治区、直辖市调运乳用种用家畜产地检疫的检疫范围及对象、检疫合格标准、检疫程序、检疫结果处理和检疫记录。

本规程适用于中华人民共和国境内跨省、自治区、直辖市调运乳用种用家畜及其精液、胚胎的产地检疫。

2　检疫范围及对象

2.1　检疫范围

2.1.1　乳用、种用家畜

2.1.1.1　用于生产供人类食用或加工用生鲜乳的奶牛、奶山羊等乳用家畜。

2.1.1.2　经过选育、具有种用价值、适于繁殖后代的种猪、种牛、种羊、种马(驴)、种兔等种用家畜。

2.1.2　动物产品

本规程规定种用家畜的精液、胚胎。

2.2　检疫对象

2.2.1　猪：口蹄疫、非洲猪瘟、猪瘟、猪繁殖与呼吸综合征、炭疽、伪狂犬病、猪细小病毒感染、猪丹毒。

2.2.2　牛：口蹄疫、布鲁氏菌病、炭疽、牛结核病、牛结节性皮肤病、地方流行性牛白血病、牛传染性鼻气管炎 (传染性脓疱外阴阴道炎)。

2.2.3　羊：口蹄疫、小反刍兽疫、布鲁氏菌病、炭疽、蓝舌病、绵羊痘和山羊疽、山羊传染性胸膜肺炎。

2.2.4 鹿、骆驼、羊驼：口蹄疫、布鲁氏菌病、炭疽、牛结核病。

2.2.5 马（驴）：马传染性贫血、马鼻疽、马流感、马腺疫、马鼻肺炎。

2.2.6 兔：兔出血症、兔球虫病。

3 检疫合格标准

3.1 乳用、种用家畜

3.1.1 来自非封锁区及未发生相关动物疫情的饲养场。

3.1.2 申报材料符合本规程规定。

3.1.3 按照规定进行了强制免疫，并在有效保护期内。

3.1.4 畜禽标识符合规定。

3.1.5 临床检查健康。

3.1.6 需要进行实验室疫病检测的,检测结果合格。

3.1.7 跨省、自治区、直辖市引进的乳用种用家畜到达输入地隔离观察合格后需要继续运输的，隔离观察符合规定。

3.2 精液、胚胎

3.2.1 来自非封锁区及未发生相关动物疫情的饲养场。

3.2.2 申报材料符合本规程规定。

3.2.3 供体动物符合本规程 3.1.3—3.1.6 的规定。

3.2.4 精液和胚胎的采集、销售、移植记录完整。

4 检疫程序

4.1 申报检疫

4.1.1 乳用、种用家畜

货主应当提前 3 天向所在地动物卫生监督机构申报检疫，并当提供以下相应材料：

4.1.1.1　检疫申报单。

4.1.1.2　需要实施检疫家畜养殖档案中的强制免疫记录。

4.1.1.3　饲养场的《动物防疫条件合格证》《种畜禽生产经营许可证》。

4.1.1.4　需要进行实验室疫病检测的，提供实验室疫病检测报告。

4.1.1.5　跨省、自治区、直辖市引进乳用种用家畜到达输入地隔离观察合格后需要继续运输的，提供检疫申报单、原始检疫证明、隔离观察记录及饲养场或隔离场出具的《乳用种用家畜隔离检查证书》（附表 2）。

4.1.2　精液、胚胎

货主应当提前 3 天向所在地动物卫生监督机构申报检疫,并当提供以下相应材料：

4.1.2.1　检疫申报单。

4.1.2.2　需要实施检疫精液、胚胎供体动物养殖档案中的强制免疫记录。

4.1.2.3　饲养场的《动物防疫条件合格证》《种畜禽生产经营许可证》。

4.1.2.4　需要进行实验室疫病检测的，提供供体动物实验室疫 病检测报告。

4.1.2.5　精液和胚胎的采集、销售、移植记录。鼓励使用动物检疫管理信息化系统申报检疫。

4.2　申报受理

动物卫生监督机构接到检疫申报后，应当及时对申报材料进行审查。根据申报材料审查情况和当地相关动物疫情状况，决定是否予以受理。受理的应当及时指派官方兽医或协检人员到现场或指定地点核实信息，开展临床健康检查；不予受理的，应当说明理由。

4.3　查验材料及畜禽标识

4.3.1　乳用、种用家畜

4.3.1.1　查验申报主体身份信息是否与检疫申报单相符。

4.3.1.2　查验饲养场《动物防疫条件合格证》《种畜禽生产经营许可证》和养殖档案，了解生产、免疫、监测、诊疗、消毒、无害化处理及相关动物疫病发生情况，确认家畜已按规定进行强制免疫，并在有效保护期内。

4.3.1.3　查验畜禽标识加施情况，确认其佩戴的畜禽标识与检疫申报单、相关档案记录相符。

4.3.1.4　查验实验室疫病检测报告是否符合要求，检测结果是否合格。

4.3.1.5　跨省、自治区、直辖市引进乳用种用家畜到达输入地隔离观察合格后需要继续运输的，查验原始检疫证明、隔离观察记录、《乳用种用家畜隔离检查证书》。

4.3.1.6　查验运输车辆、承运单位（个人）及车辆驾驶员是否备案。

4.3.2　精液、胚胎

4.3.2.1　按照4.3.1.1—4.3.1.4规定查验相关材料。

4.3.2.2　查验精液、胚胎的采集、存贮、销售记录是否符合要求。

4.4　临床检查

按照相关动物产地检疫规程要求开展临床检查外，还应当做下列疫病检查。

4.4.1　发现母猪返情、空怀，妊娠母猪流产、产死胎、木乃伊胎等，公猪睾丸肿胀、萎缩等症状的，怀疑感染伪狂犬。

4.4.2　发现母猪，尤其是初产母猪产仔数少、流产、产死胎、木乃伊胎及发育不正常胎等症状的，怀疑猪细小病毒感染。

4.4.3　发现体表淋巴节肿大，贫血，可视黏膜苍白，精神衰弱，食欲不振，体重减轻，呼吸急促，后驱麻痹乃至跛行瘫痪，周期性便秘及腹泻等症状的，怀疑感染地方流行性牛白血病。

4.4.4　发现体温升高，精神委顿，流黏脓性鼻液，鼻黏膜充血，呼吸困难，呼出气体恶臭，外阴和阴道黏膜充血潮红，有时黏膜上面散在有灰黄色、粟粒大的脓疱，阴道内见有多量的黏脓性分泌物等症状的，怀疑感染牛传染性鼻气管炎（传染性脓疱外阴阴道炎）。

4.5　实验室疫病检测

4.5.1　检测疫病种类

4.5.1.1　猪：非洲猪瘟。

4.5.1.2　牛：布鲁氏菌病、牛结核病。

4.5.1.3　羊：布鲁氏菌病、小反刍兽疫。

4.5.1.4　鹿、骆驼、羊驼：口蹄疫、布鲁氏菌病、牛结核病 。

4.5.1.5　马（驴）：马传染性贫血、马鼻疽。

4.5.1.6　兔：兔出血症。

4.5.1.7　精液、胚胎 :检测其供体动物相关动物疫病。

4.5.2　通过农业农村部评审并公布的非洲猪瘟等动物疫病无疫小区、国家级动物疫病净化场，无需开展相应疫病的检测。

5　检疫结果处理

参照《生猪产地检疫规程》《反刍动物产地检疫规程》《马属动物产地检疫规程》《兔产地检疫规程》做好检疫结果处理。

6　检疫记录

参照《生猪产地检疫规程》《反刍动物产地检疫规程》《马属动物产地检疫规程》《兔产地检疫规程》做好检疫记录。

附表：1. 乳用种用家畜实验室疫病检测要求

2. 乳用种用家畜隔离检查证书

附表 1

乳用种用家畜实验室疫病检测要求

疫病名称	病原学检测			抗体检测			备注
	检测方法	数量	时限	检测方法	数量	时限	
非洲猪瘟	见非洲猪瘟诊断技术（GB/T 18648）	100%	调运前7天	无	无	无	抗原阴性或病毒核酸阴性为合格
口蹄疫	见《口蹄疫防治技术规范》《口蹄疫诊断技术》（GB/T 18935）	100%	调运前3个月内	见《口蹄疫防治技术规范》《口蹄疫诊断技术》（GB/T 18935）	100%	调运前1个月内	抗原检测阴性或病毒核酸阴性，抗体检测符合规定为合格
布鲁氏菌病	无	无	无	见《布鲁氏菌病防治技术规范》《动物布鲁氏菌病诊断技术》（GB/T 18646）	100%	调运前1个月内	种用动物、未实施布鲁氏菌病免疫的乳用动物检测结果阴性为合格；实施布鲁氏菌病免疫的乳用动物出具真实、完整的免疫记录
牛结核病	无	无	无	见《牛结核病防治技术规范》《动物结核病诊断技术》（GB/T 18645）	100%	调运前1个月内	检测结果阴性为合格
小反刍兽疫	无	无	无	见《小反刍兽疫防治技术规范》《小反刍兽疫诊断技术》（GB/T 27982）	100%	调运前1个月内	抗体检测符合规定为合格
马传染性贫血	无	无	无	见《马传染性贫血防治技术规范》	100%	调运前1个月内	抗体检测阴性为合格
马鼻疽	无	无	无	见《马鼻疽防治技术规范》《马鼻疽诊断技术》（NY/T 557）	100%	调运前1个月内	鼻疽菌素点眼试验阴性为合格
兔出血症	无	无	无	见《兔病毒性出血症血凝和血凝抑制试验方法》（NY/T 572）	100%	调运前1个月内	抗体监测符合规定为合格

附表 2

乳用种用家畜隔离检查证书

隔离起止时间：　　年　　月　　日至　　年　　月　　日　　　　No.

货　　主		联系人		电话	
动　　物		数量及单位（大写）			
隔离场所	________省________市（州）________县（市、区）________镇（乡、街道）________				
拟运地点					
动物疫病发生情况	□未发生相关疫病　□发生过相关疫病________（填写疫病名称）				
30 天隔离观察情况	有无异常□有□无	实验室检测情况	检测病种：________ 检测结果：□合格　□不合格		
群体状况	是否临床健康□是□否	个体状况	是否临床健康　□是　□否		
备　　注					
检查结论					

此（批）动物经隔离检查________，本人对做出的结论负责。

执业兽医或动物防疫技术人员签字：　　　　　签证时间：　　年　　月　　日

单位（公章）

注：1. 隔离期间有异常的，请在备注栏里填写具体情况。

2. 拟运地点按照申报检疫目的地填写。

附录 12

牛屠宰检疫规程

1 适用范围

本规程规定了牛屠宰检疫的检疫范围及对象、检疫合格标准、检疫申报、宰前检查、同步检疫、检疫结果处理和检疫记录。

本规程适用于中华人民共和国境内牛的屠宰检疫。

2 检疫范围及对象

2.1 检疫范围

《国家畜禽遗传资源目录》规定的牛。

2.2 检疫对象

口蹄疫、布鲁氏菌病、炭疽、牛结核病、牛传染性鼻气管炎（传染性脓疱外阴阴道炎）、牛结节性皮肤病、日本血吸虫病。

3 检疫合格标准

3.1 进入屠宰加工场所时，具备有效的动物检疫证明，畜禽标识符合国家规定。

3.2 申报材料符合本规程规定。

3.3 待宰牛临床检查健康。

3.4 同步检疫合格。

3.5 需要进行实验室疫病检测的，检测结果合格。

4 检疫申报

4.1 申报检疫。货主应当在屠宰前 6 小时向所在地动物卫生监督机构申报检疫，急宰的可以随时申报。申报检疫应当提供以下材料：

4.1.1 检疫申报单。

4.1.2 牛入场时附有的动物检疫证明。

4.1.3 牛入场查验登记、待宰巡查等记录。

4.2 申报受理。动物卫生监督机构接到检疫申报后，应当及时对申报材料进行审查。材料齐全的，予以受理，由派驻（出）的官方兽医实施检疫；不予受理的，应当说明理由。

4.3 回收检疫证明。官方兽医应当回收牛入场时附有的动物检疫证明，并将有关信息上传至动物检疫管理信息化系统。

5 宰前检查

5.1 现场核查申报材料与待宰牛信息是否相符。

5.2 按照《反刍动物产地检疫规程》中“临床检查”内容实施检查。

5.3 结果处理

5.3.1 合格的，准予屠宰。

5.3.2 不合格的，由官方兽医出具检疫处理通知单，按下列规定处理。

5.3.2.1 发现染疫或者疑似染疫的，向农业农村部门或者动物疫病预防控制机构报告，并由货主采取隔离等控制措施。

5.3.2.2 发现病死牛的，按照《病死畜禽和病害畜禽产品无害化处理管理办法》等规定处理。

5.3.2.3 现场核查待宰牛信息与申报材料或入场时附有的动物检疫证明不符，涉嫌违反有关法律法规的，向农业农村部门报告。

5.3.3 确认为无碍于肉食安全且濒临死亡的牛，可以急宰。

6 同步检疫

与屠宰操作相对应，对同一头牛的胴体及脏器、蹄、头等统一编号进行检疫。

6.1 头蹄部检查

6.1.1 头部检查。检查鼻唇镜、齿龈及舌面有无水疱、溃疡、烂斑等；剖检一侧咽喉内侧淋巴结和两侧下颌淋巴结，检查咽喉黏膜和扁桃体有无病变。

6.1.2 蹄部检查。检查蹄冠、蹄叉皮肤有无水疱、溃疡、烂斑、结痂等。

6.2 内脏检查

取出内脏前，观察胸腔、腹腔有无积液、粘连、纤维素性渗出物。检查心脏、肺脏、肝脏、胃肠、脾脏、肾脏，剖检肠系膜淋巴结、支气管淋巴结、肝门淋巴结，检查有无病变和其他异常。

6.2.1 心脏。检查心脏的形状、大小、色泽及有无淤血、出血、肿胀等。必要时剖开心包，检查心包膜、心包液和心肌有无异常。

6.2.2 肺脏。检查两侧肺叶实质、色泽、形状、大小及有无淤血、出血、水肿、化脓、实变、结节、粘连、寄生虫等。剖检一侧支气管淋巴结，检查切面有无淤血、出血、水肿等。必要时剖开气管、结节部位。

6.2.3 肝脏。检查肝脏大小、色泽，触检其弹性和硬度，剖开肝门淋巴结，检查有无出血、淤血、肿大、坏死灶等。必要时剖开肝实质、胆囊和胆管，检查有无硬化、萎缩、日本血吸虫等。

6.2.4 肾脏。检查其弹性和硬度及有无出血、淤血等。必要时剖开肾实质，检查皮质、髓质和肾盂有无出血、肿大等。

6.2.5 脾脏。检查弹性、颜色、大小等。必要时剖检脾实质。

6.2.6 胃和肠。检查肠袢、肠浆膜，剖开肠系膜淋巴结，检查形状、色泽及有无肿胀、淤血、出血、粘连、结节等。必要时剖开胃肠，检查内容物、黏膜及有无出血、结节、寄生虫等。

6.2.7 子宫和睾丸。检查母牛子宫浆膜有无出血、黏膜有无黄白色或干酪样结节。检查公牛睾丸有无肿大，睾丸、附睾有无化脓、坏死灶等。

6.3　胴体检查

6.3.1　整体检查。检查皮下组织、脂肪、肌肉、淋巴结以及胸腔、腹腔浆膜有无淤血、出血、疹块、脓肿、结节和其他异常等。

6.3.2　淋巴结检查

6.3.2.1　颈浅淋巴结（肩前淋巴结）在肩关节前稍上方剖开臂头肌、肩胛横突肌下的一侧颈浅淋巴结，检查切面形状、色泽及有无肿胀、淤血、出血、坏死灶等。

6.3.2.2　髂下淋巴结（股前淋巴结、膝上淋巴结）剖开一侧淋巴结，检查切面形状、色泽、大小及有无肿胀、淤血、出血、坏死灶等。

6.3.2.3　必要时剖检腹股沟深淋巴结。

6.4　复检。必要时，官方兽医对上述检疫情况进行复检，综合判定检疫结果。

6.5　官方兽医在同步检疫过程中应当做好卫生安全防护。

7　检疫结果处理

7.1　同步检疫合格的，由官方兽医按照检疫申报批次，对牛的胴体及生皮、原毛、脏器、血液、蹄、头、角出具动物检疫证明，加盖检疫验讫印章或者加施其他检疫标志。

7.2　同步检疫怀疑患有动物疫病的，由官方兽医出具检疫处理通知单，并按5.3.2.1处理。

8　检疫记录

8.1　官方兽医应当做好检疫申报、宰前检查、同步检疫、检疫结果处理等环节记录。

8.2　检疫申报单和检疫工作记录保存期限不得少于12个月。

8.3　电子记录与纸质记录具有同等效力。

附录 13

羊屠宰检疫规程

1 适用范围

本规程规定了羊屠宰检疫的检疫范围及对象、检疫合格标准、检疫申报、宰前检查、同步检疫、检疫结果处理和检疫记录。

本规程适用于中华人民共和国境内羊的屠宰检疫。

2 检疫范围及对象

2.1 检疫范围

《国家畜禽遗传资源目录》规定的羊。

2.2 检疫对象

口蹄疫、小反刍兽疫、炭疽、布鲁氏菌病、蓝舌病、绵羊痘和山羊痘、山羊传染性胸膜肺炎、棘球蚴病、片形吸虫病。

3 检疫合格标准

3.1 进入屠宰加工场所时，具备有效的动物检疫证明，畜禽标识符合国家规定。

3.2 申报材料符合本规程规定。

3.3 待宰羊临床检查健康。

3.4 同步检疫合格。

3.5 需要进行实验室疫病检测的，检测结果合格。

4 检疫申报

4.1 申报检疫。货主应当在屠宰前 6 小时向所在地动物卫生监督机构申报检疫，急宰的可以随时申报。申报检疫应当提供以下材料：

4.1.1 检疫申报单。

4.1.2 羊入场时附有的动物检疫证明。

4.1.3 羊入场查验登记、待宰巡查等记录。

4.2 申报受理。动物卫生监督机构接到检疫申报后，应当及时对申报材料进行审查。材料齐全的，予以受理，由派驻（出）的官方兽医实施检疫；不予受理的，应当说明理由。

4.3 回收检疫证明。官方兽医应当回收羊入场时附有的动物检疫证明，并将有关信息上传至动物检疫管理信息化系统。

5 宰前检查

5.1 现场核查申报材料与待宰羊信息是否相符。

5.2 按照《反刍动物产地检疫规程》中“临床检查”内容实施检查。

5.3 结果处理

5.3.1 合格的，准予屠宰。

5.3.2 不合格的，由官方兽医出具检疫处理通知单，按下列规定处理。

5.3.2.1 发现染疫或者疑似染疫的，向农业农村部门或者动物疫病预防控制机构报告，并由货主采取隔离等控制措施。

5.3.2.2 发现病死羊的，按照《病死畜禽和病害畜禽产品无害化处理管理办法》等规定处理。

5.3.2.3 现场核查待宰羊信息与申报材料或入场时附有的动物检疫证明不符，涉嫌违反有关法律法规的，向农业农村部门报告。

5.3.3 确认为无碍于肉食安全且濒临死亡的羊，可以急宰。

6 同步检疫

与屠宰操作相对应，对同一羊的胴体及脏器、蹄、头等统一编号进行检疫。

6.1 头蹄部检查

6.1.1 头部检查。检查鼻镜、齿龈、口腔黏膜、舌及舌面有无水疱、溃疡、烂斑、坏死、充血、出血、发绀等。必要时剖开下颌淋巴结，检查有无肿胀、淤血、出血、坏死灶等。

6.1.2 蹄部检查。检查蹄冠、蹄叉皮肤有无水疱、溃疡、烂斑、结痂等。

6.2 内脏检查

取出内脏前，观察胸腔、腹腔有无积液、粘连、纤维素性渗出物。检查心脏、肺脏、肝脏、胃肠、脾脏、肾脏，剖检支气管淋巴结、肝门淋巴结、肠系膜淋巴结等，检查有无病变和其他异常。

6.2.1 心脏。检查心脏的形状、大小、色泽及有无淤血、出血等。必要时剖开心包，检查心包膜、心包液和心肌有无异常。

6.2.2 肺脏。检查两侧肺叶实质、色泽、形状、大小及有无淤血、出血、水肿、化脓、实变、粘连、纤维素性渗出、包囊砂、寄生虫等。剖开一侧支气管淋巴结，检查切面有无淤血、出血、水肿等。

6.2.3 肝脏。检查肝脏大小、色泽、弹性、硬度及有无大小不一的突起。剖开肝门淋巴结，切开胆管，检查有无寄生虫等。必要时剖开肝实质，检查有无肿大、出血、淤血、坏死灶、硬化、萎缩等。

6.2.4 肾脏。剥离两侧肾被膜，检查弹性、硬度及有无贫血、出血、淤血等。必要时剖检肾脏。

6.2.5 脾脏。检查弹性、颜色、大小等。必要时剖检脾实质。

6.2.6 胃和肠。检查浆膜面及肠系膜有无淤血、出血、粘连等。剖开肠系膜淋巴结，检查有无肿胀、淤血、出血、坏死等。必要时剖开胃肠，检查有无淤血、出血、胶样浸润、糜烂、溃疡、化脓、结节、寄生虫等，检查瘤胃肉柱表面有无水疱、糜烂或溃疡等。

6.2.7 子宫和睾丸。检查母羊子宫浆膜有无出血、炎症。检查公羊睾丸有无肿大，睾丸、附睾有无化脓、坏死灶等。

6.3 胴体检查

6.3.1 整体检查。检查皮下组织、脂肪、肌肉、淋巴结以及胸腔、腹腔浆膜有无淤血、出血以及疹块、脓肿和其他异常等。

6.3.2 淋巴结检查

6.3.2.1 颈浅淋巴结（肩前淋巴结）。在肩关节前稍上方剖开臂头肌、肩胛横突肌下的一侧颈浅淋巴结，检查有无肿胀、淤血、出血、坏死灶等。

6.3.2.2 髂下淋巴结（股前淋巴结、膝上淋巴结）。剖开一侧淋巴结，检查有无肿胀、淤血、出血、坏死灶等。

6.3.2.3 必要时检查腹股沟深淋巴结。

6.4 复检。必要时，官方兽医对上述检疫情况进行复检，综合判定检疫结果。

6.5 官方兽医在同步检疫过程中应当做好卫生安全防护。

7 检疫结果处理

7.1 同步检疫合格的，由官方兽医按照检疫申报批次，对羊的胴体及生皮、原毛、脏器、血液、蹄、头、角出具动物检疫证明，加盖检疫验讫印章或者加施其他检疫标志。

7.2 同步检疫怀疑患有动物疫病的，由官方兽医出具检疫处理通知单，并按5.3.2.1 处理。

8 检疫记录

8.1 官方兽医应当做好检疫申报、宰前检查、同步检疫、检疫结果处理等环节记录。

8.2 检疫申报单和检疫工作记录保存期限不得少于 12 个月。

8.3 电子记录与纸质记录具有同等效力。

附录 14

畜禽产品消毒规范

（中华人民共和国国家标准 GB/T 16569−1996

1996 年 10 月 3 日发布　1997 年 2 月 1 日实施）

1　主题内容与适用范围

本标准规定了畜禽产品一般的消毒技术。

本标准适用于可疑污染畜禽病原微生物的上述产品及其包装物。野生动物、经济动物的同类产品参照本标准执行。

2　环氧乙烷熏蒸消毒法

2.1　适用对象

可疑被炭疽杆菌、口蹄疫、沙门氏菌、布鲁氏菌污染的干皮张、毛、羽和绒。

2.2　方法

2.2.1　将皮捆或毛包，羽，绒包有序地堆放入消毒容器（塑料薄膜帐篷或大型金属消毒罐）中，码成垛形，但高度不超过 2 m，各行之间保持适当距离，以利于气体穿透和人员操作。

2.2.2　将装于面袋内的枯草芽孢杆菌 4 001 株（简称“4001”，每片含菌 1 000 万个）染菌片或化学指示袋（溴酚蓝指示剂）放入消毒容器不同位置的皮毛捆深部，同时安放入输药管道，并检查袋壁有无破损或裂缝，然后封口。

2.2.3　测量待消毒物体积，计算环氧乙烷用量。

2.2.4　按 0.4~0.7 kg/m^3 通入环氧乙烷气体，消毒 48 h。此时应保持消毒室温度在25~40 ℃，相对湿度在 30%~50%。

2.2.5 消毒结束后，打开封口，将篷口撑起通风 1 h。

2.2.6 取出“4001”染菌片，放入营养肉汤，37 ℃下培养 24 h，观察有无细菌生长，或观察化学指示袋是否由无色变为紫色。若无细劳生长或指示袋变为紫色，证明消毒效果良好。

3 甲醛水溶液（福尔马林）熏蒸消毒法

3.1 适用对象

可疑污染一般病原微生物的干皮张、毛、羽和绒。

3.2 方法

同 2.2 条，但其消毒室总容积不超过 10 m^3，消毒室温度应在 50 ℃左右，湿度调节在 70%~90%，扫加热蒸发甲醛溶液 80~300 mL/m^3 的量通入甲醛气体，消毒 24 h。

4 60Co 辐射消毒法

适用于可疑污染任何病原微生物的珍贵皮毛的消毒，剂量为 250 rad（拉德）。

5 过氧乙酸浸泡消毒法

5.1 适用对象

可疑污染任何病原微生物的畜禽的新鲜皮、盐湿皮，毛、羽、左右和骨、蹄、角。

5.2 方法

5.2.1 新鲜配制 2%和 0.3%过氧乙酸溶液。

5.2.2 将街消毒的皮、毛、羽、绒浸入 2%溶液中；骨、蹄、角浸入 0.3%的溶液中浸泡 30 min，溶液须高于物品面 10 cm。

5.2.3 捞出，用水冲洗后晾干。

6 高压蒸煮消毒法

用于可疑污染炭疽杆菌、口蹄疫病毒、消门氏菌、面鲁氏菌的骨、蹄和角。将骨、蹄、角放入高压锅内，蒸煮至骨脱胶或脱脂时止。

7 甲醛水溶液浸泡消毒法

用于可疑污染一般病原微生物的骨、蹄和角。

新鲜配制 1%甲醛溶液，然后将骨、蹄和角放入该溶液中浸泡 30 h，捞出，用水冲洗干净后晾干。

8 过氧乙酸或煤酚皂（来苏儿）溶液喷洒消毒法

用于未消毒的骨、蹄和角的外包装或其他外包装。

用新鲜配制的 0.3%过氧乙酸溶液或 3%煤酚皂溶液喷洒消毒，用量为 0.5 L/m^3。

附录 15

病死及病害动物无害化处理技术规范

为贯彻落实《中华人民共和国动物防疫法》《生猪屠宰管理条例》《畜禽规模养殖污染防治条例》等有关法律法规，防止动物疫病传播扩散，保障动物产品质量安全，规范病死及病害动物和相关动物产品无害化处理操作技术，制定本规范。

1 适用范围

本规范适用于国家规定的染疫动物及其产品、病死或者死因不明的动物尸体，屠宰前确认的病害动物、屠宰过程中经检疫或肉品品质检验确认为不可食用的动物产品，以及其他应当进行无害化处理的动物及动物产品。

本规范规定了病死及病害动物和相关动物产品无害化处理的技术工艺和操作注意事项，处理过程中病死及病害动物和相关动物产品的包装、暂存、转运、人员防护和记录等要求。

2 引用规范和标准

GB 19217 医疗废物转运车技术要求（试行）

GB 18484 危险废物焚烧污染控制标准

GB 18597 危险废物贮存污染控制标准

GB 16297 大气污染物综合排放标准

GB 14554 恶臭污染物排放标准

GB 8978 污水综合排放标准

GB 5085.3　危险废物鉴别标准

GB/T 16569　畜禽产品消毒规范

GB 19218　医疗废物焚烧炉技术要求（试行）

GB/T 19923　城市污水再生利用 工业用水水质

当上述标准和文件被修订时，应使用其最新版本。

3　术语和定义

3.1　无害化处理

本规范所称无害化处理，是指用物理、化学等方法处理病死及病害动物和相关动物产品，消灭其所携带的病原体，消除危害的过程。

3.2　焚烧法

焚烧法是指在焚烧容器内，使病死及病害动物和相关动物产品在富氧或无氧条件下进行氧化反应或热解反应的方法。

3.3　化制法

化制法是指在密闭的高压容器内，通过向容器夹层或容器内通入高温饱和蒸气，在干热、压力或蒸气、压力的作用下，处理病死及病害动物和相关动物产品的方法。

3.4　高温法

高温法是指常压状态下，在封闭系统内利用高温处理病死及病害动物和相关动物产品的方法。

3.5　深埋法

深埋法是指按照相关规定，将病死及病害动物和相关动物产品投入深埋坑中并覆盖、消毒，处理病死及病害动物和相关动物产品的方法。

3.6　硫酸分解法

硫酸分解法是指在密闭的容器内，将病死及病害动物和相关动物产品用硫酸在一定条件下进行分解的方法。

4 病死及病害动物和相关动物产品的处理

4.1 焚烧法

4.1.1 适用对象

国家规定的染疫动物及其产品、病死或者死因不明的动物尸体，屠宰前确认的病害动物、屠宰过程中经检疫或肉品品质检验确认为不可食用的动物产品，以及其他应当进行无害化处理的动物及动物产品。

4.1.2 直接焚烧法

4.1.2.1 技术工艺

4.1.2.1.1 可视情况对病死及病害动物和相关动物产品进行破碎等预处理。

4.1.2.1.2 将病死及病害动物和相关动物产品或破碎产物，投至焚烧炉本体燃烧室，经充分氧化、热解，产生的高温烟气进入二次燃烧室继续燃烧，产生的炉渣经出渣机排出。

4.1.2.1.3 燃烧室温度应≥850 ℃。燃烧所产生的烟气从最后的助燃空气喷射口或燃烧器出口到换热面或烟道冷风引射口之间的停留时间应≥2 s。焚烧炉出口烟气中氧含量应为6%~10%（干气）。

4.1.2.1.4 二次燃烧室出口烟气经余热利用系统、烟气净化系统处理，达到GB16297要求后排放。

4.1.2.1.5 焚烧炉渣与除尘设备收集的焚烧飞灰应分别收集、贮存和运输。焚烧炉渣按一般固体废物处理或作资源化利用；焚烧飞灰和其他尾气净化装置收集的固体废物需按GB 5085.3要求作危险废物鉴定，如属于危险废物，则按GB 18484和GB 18597要求处理。

4.1.2.2 操作注意事项

4.1.2.2.1 严格控制焚烧进料频率和重量，使病死及病害动物和相关动物产品能够充分与空气接触，保证完全燃烧。

4.1.2.2.2 燃烧室内应保持负压状态，避免焚烧过程中发生烟气泄露。

4.1.2.2.3 二次燃烧室顶部设紧急排放烟囱，应急时开启。

4.1.2.2.4　烟气净化系统，包括急冷塔、引风机等设施。

4.1.3　炭化焚烧法

4.1.3.1　技术工艺

4.1.3.1.1　病死及病害动物和相关动物产品投至热解炭化室，在无氧情况下经充分热解，产生的热解烟气进入二次燃烧室继续燃烧，产生的固体碳化物残渣经热解炭化室排出。

4.1.3.1.2　热解温度应≥600 ℃，二次燃烧室温度≥850 ℃，焚烧后烟气在 850 ℃以上停留时间≥2 s。

4.1.3.1.3　烟气经过热解炭化室热能回收后，降至 600 ℃左右，经烟气净化系统处理，达到 GB 16297 要求后排放。

4.1.3.2　操作注意事项

4.1.3.2.1　应检查热解炭化系统的炉门密封性，以保证热解炭化室的隔氧状态。

4.1.3.2.2　应定期检查和清理热解气输出管道，以免发生阻塞。

4.1.3.2.3　热解炭化室顶部需设置与大气相连的防爆口，热解炭化室内压力过大时可自动开启泄压。

4.1.3.2.4　应根据处理物种类、体积等严格控制热解的温度、升温速度及物料在热解炭化室里的停留时间。

4.2　化制法

4.2.1　适用对象

不得用于患有炭疽等芽孢杆菌类疫病，以及牛海绵状脑病、痒病的染疫动物及产品、组织的处理。其他适用对象同 4.1.1。

4.2.2　干化法

4.2.2.1　技术工艺

4.2.2.1.1　可视情况对病死及病害动物和相关动物产品进行破碎等预处理。

4.2.2.1.2　病死及病害动物和相关动物产品或破碎产物输送入高温高压灭菌容器。

4.2.2.1.3　处理物中心温度≥140 ℃，压力≥0.5 MPa（绝对压力），时间≥4 h

(具体处理时间随处理物种类和体积大小而设定)。

4.2.2.1.4　加热烘干产生的热蒸汽经废气处理系统后排出。

4.2.2.1.5　加热烘干产生的动物尸体残渣传输至压榨系统处理。

4.2.2.2　操作注意事项

4.2.2.2.1　搅拌系统的工作时间应以烘干剩余物基本不含水分为宜，根据处理物量的多少，适当延长或缩短搅拌时间。

4.2.2.2.2　应使用合理的污水处理系统，有效去除有机物、氨氮，达到 GB 8978 要求。

4.2.2.2.3　应使用合理的废气处理系统，有效吸收处理过程中动物尸体腐败产生的恶臭气体，达到 GB 16297 要求后排放。

4.2.2.2.4　高温高压灭菌容器操作人员应符合相关专业要求，持证上岗。

4.2.2.2.5　处理结束后，需对墙面、地面及其相关工具进行彻底清洗消毒。

4.2.3　湿化法

4.2.3.1　技术工艺

4.2.3.1.1　可视情况对病死及病害动物和相关动物产品进行破碎预处理。

4.2.3.1.2　将病死及病害动物和相关动物产品或破碎产物送入高温高压容器，总质量不得超过容器总承受力的五分之四。

4.2.3.1.3　处理物中心温度≥135 ℃，压力≥0.3 MPa（绝对压力），处理时间≥30 min（具体处理时间随处理物种类和体积大小而设定）。

4.2.3.1.4　高温高压结束后，对处理产物进行初次固液分离。

4.2.3.1.5　固体物经破碎处理后，送入烘干系统；液体部分送入油水分离系统处理。

4.2.3.2　操作注意事项

4.2.3.2.1　高温高压容器操作人员应符合相关专业要求，持证上岗。

4.2.3.2.2　处理结束后，需对墙面、地面及其相关工具进行彻底清洗消毒。

4.2.3.2.3　冷凝排放水应冷却后排放，产生的废水应经污水处理系统处理，达到

GB8978 要求。

4.2.3.2.4　处理车间废气应通过安装自动喷淋消毒系统、排风系统和高效微粒空气过滤器（HEPA 过滤器）等进行处理，达到 GB 16297 要求后排放。

4.3　高温法

4.3.1　适用对象

同 4.2.1。

4.3.2　技术工艺

4.3.2.1　可视情况对病死及病害动物和相关动物产品进行破碎等预处理。处理物或破碎产物体积（长×宽×高）≤125 cm^3（5 cm×5 cm×5 cm）。

4.3.2.2　向容器内输入油脂，容器夹层经导热油或其他介质加热。

4.3.2.3　将病死及病害动物和相关动物产品或破碎产物输送入容器内，与油脂混合。常压状态下，维持容器内部温度≥180 ℃，持续时间≥2.5 h（具体处理时间随处理物种类和体积大小而设定）。

4.3.2.4　加热产生的热蒸汽经废气处理系统后排出。

4.3.2.5　加热产生的动物尸体残渣传输至压榨系统处理。

4.3.3　操作注意事项

同 4.2.2.2。

4.4　深埋法

4.4.1　适用对象

发生动物疫情或自然灾害等突发事件时病死及病害动物的应急处理，以及边远和交通不便地区零星病死畜禽的处理。不得用于患有炭疽等芽孢杆菌类疫病，以及牛海绵状脑病、痒病的染疫动物及产品、组织的处理。

4.4.2　选址要求

4.4.2.1　应选择地势高燥，处于下风向的地点。

4.4.2.2　应远离学校、公共场所、居民住宅区、村庄、动物饲养和屠宰场所、饮用水源地、河流等地区。

4.4.3 技术工艺

4.4.3.1 深埋坑体容积以实际处理动物尸体及相关动物产品数量确定。

4.4.3.2 深埋坑底应高出地下水位 1.5 m 以上，要防渗、防漏。

4.4.3.3 坑底洒一层厚度为 2~5 cm 的生石灰或漂白粉等消毒药。

4.4.3.4 将动物尸体及相关动物产品投入坑内，最上层距离地表 1.5 m 以上。

4.4.3.5 生石灰或漂白粉等消毒药消毒。

4.4.3.6 覆盖距地表 20~30 cm，厚度不少于 1~1.2 m 的覆土。

4.4.4 操作注意事项

4.4.4.1 深埋覆土不要太实，以免腐败产气造成气泡冒出和液体渗漏。

4.4.4.2 深埋后，在深埋处设置警示标识。

4.4.4.3 深埋后，第一周内应每日巡查 1 次，第二周起应每周巡查 1 次，连续巡查 3 个月，深埋坑塌陷处应及时加盖覆土。

4.4.4.4 深埋后，立即用氯制剂、漂白粉或生石灰等消毒药对深埋场所进行 1 次彻底消毒。第一周内应每日消毒 1 次，第二周起应每周消毒 1 次，连续消毒三周以上。

4.5 化学处理法

4.5.1 硫酸分解法

4.5.1.1 适用对象

同 4.2.1。

4.5.1.2 技术工艺

4.5.1.2.1 可视情况对病死及病害动物和相关动物产品进行破碎等预处理。

4.5.1.2.2 将病死及病害动物和相关动物产品或破碎产物，投至耐酸的水解罐中，按每吨处理物加入水 150~300 kg，后加入 98%的浓硫酸 300~400 kg（具体加入水和浓硫酸量随处理物的含水量而设定）。

4.5.1.2.3 密闭水解罐，加热使水解罐内升至 100~108 ℃，维持压力≥0.15 MPa，反应时间≥4 h，至罐体内的病死及病害动物和相关动物产品完全分解为液态。

4.5.1.3　操作注意事项

4.5.1.3.1　处理中使用的强酸应按国家危险化学品安全管理、易制毒化学品管理有关规定执行，操作人员应做好个人防护。

4.5.1.3.2　水解过程中要先将水加入到耐酸的水解罐中，然后加入浓硫酸。

4.5.1.3.3　控制处理物总体积不得超过容器容量的 70%。

4.5.1.3.4　酸解反应的容器及储存酸解液的容器均要求耐强酸。

4.5.2　化学消毒法

4.5.2.1　适用对象

适用于被病原微生物污染或可疑被污染的动物皮毛消毒。

4.5.2.2　盐酸食盐溶液消毒法

4.5.2.2.1　用 2.5%盐酸溶液和 15%食盐水溶液等量混合，将皮张浸泡在此溶液中，并使溶液温度保持在 30 ℃左右，浸泡 40 h，1 m^2 的皮张用 10 L 消毒液（或按 100 mL 25%食盐水溶液中加入盐酸 1 mL 配制消毒液，在室温 15 ℃条件下浸泡 48 h，皮张与消毒液之比为 1∶4）。

4.5.2.2.2　浸泡后捞出沥干，放入 2%（或 1%）氢氧化钠溶液中，以中和皮张上的酸，再用水冲洗后晾干。

4.5.2.3　过氧乙酸消毒法

4.5.2.3.1　将皮毛放入新鲜配制的 2%过氧乙酸溶液中浸泡 30 min。

4.5.2.3.2　将皮毛捞出，用水冲洗后晾干。

4.5.2.4　碱盐液浸泡消毒法

4.5.2.4.1　将皮毛浸入 5%碱盐液（饱和盐水内加 5%氢氧化钠）中，室温（18~25 ℃）浸泡 24 h，并随时加以搅拌。

4.5.2.4.2　取出皮毛挂起，待碱盐液流净，放人 5%盐酸液内浸泡，使皮上的酸碱中和。

4.5.2.4.3　将皮毛捞出，用水冲洗后晾干。

5 收集转运要求

5.1 包装

5.1.1 包装材料应符合密闭、防水、防渗、防破损、耐腐蚀等要求。

5.1.2 包装材料的容积、尺寸和数量应与需处理病死及病害动物和相关动物产品的体积、数量相匹配。

5.1.3 包装后应进行密封。

5.1.4 使用后，一次性包装材料应作销毁处理，可循环使用的包装材料应进行清洗消毒。

5.2 暂存

5.2.1 采用冷冻或冷藏方式进行暂存，防止无害化处理前病死及病害动物和相关动物产品腐败。

5.2.2 暂存场所应能防水、防渗、防鼠、防盗，易于清洗和消毒。

5.2.3 暂存场所应设置明显警示标识。

5.2.4 应定期对暂存场所及周边环境进行清洗消毒。

5.3 转运

5.3.1 可选择符合 GB 19217 条件的车辆或专用封闭厢式运载车辆。车厢四壁及底部应使用耐腐蚀材料，并采取防渗措施。

5.3.2 专用转运车辆应加施明显标识，并加装车载定位系统，记录转运时间和路径等信息。

5.3.3 车辆驶离暂存、养殖等场所前，应对车轮及车厢外部进行消毒。

5.3.4 转运车辆应尽量避免进入人口密集区。

5.3.5 若转运途中发生渗漏，应重新包装、消毒后运输。

5.3.6 卸载后，应对转运车辆及相关工具等进行彻底清洗、消毒。

6 其他要求

6.1 人员防护

6.1.1 病死及病害动物和相关动物产品的收集、暂存、转运、无害化处理操作的工作人员应经过专门培训，掌握相应的动物防疫知识。

6.1.2　工作人员在操作过程中应穿戴防护服、口罩、护目镜、胶鞋及手套等防护用具。

6.1.3　工作人员应使用专用的收集工具、包装用品、转运工具、清洗工具、消毒器材等。

6.1.4　工作完毕后，应对一次性防护用品作销毁处理，对循环使用的防护用品消毒处理。

6.2　记录要求

6.2.1　病死及病害动物和相关动物产品的收集、暂存、转运、无害化处理等环节应建有台账和记录。有条件的地方应保存转运车辆行车信息和相关环节视频记录。

6.2.2　台账和记录

6.2.2.1　暂存环节

6.2.2.1.1　接收台账和记录应包括病死及病害动物和相关动物产品来源场（户）、种类、数量、动物标识号、死亡原因、消毒方法、收集时间、经办人员等。

6.2.2.1.2　运输台账和记录应包括运输人员、联系方式、转运时间、车牌号、病死及病害动物和相关动物产品种类、数量、动物标识号、消毒方法、转运目的地以及经办人员等。

6.2.2.2　处理环节

6.2.2.2.1　接收台账和记录应包括病死及病害动物和相关动物产品来源、种类、数量、动物标识号、转运人员、联系方式、车牌号、接收时间及经手人员等。

6.2.2.2.2　处理台账和记录应包括处理时间、处理方式、处理数量及操作人员等。

6.2.3　涉及病死及病害动物和相关动物产品无害化处理的台账和记录至少要保存 2 年。

附录 16

消毒技术规范

1 范围

本规范规定了动物、动物产品及其运载工具、相关场所的消毒技术。

本规范适用于动物、动物产品及其运载工具、相关场所的消毒。

2 规范性引用文件

下列文件中的条款通过本规范的引用而成为本部分的条款。凡是注日期的引用文件，其随后的修改单（不包括勘误的内容）或修订版均不适用于本部分，然而，鼓励根据本部分达成协议的各方研究是否可使用这些文件的最新版本。凡是不注日期的引用文件，其最新版本适用于本规范。

GB/T 16569　畜禽产品消毒规范

3 消毒药物使用原则

3.1　选择符合规定的有效消毒药品。

3.2　采用适当的消毒方法。

3.3　掌握准确的浓度和剂量。

3.4　注意个人防护。

4 消毒的实施

4.1　饲养场的消毒

4.1.1　饲养舍的消毒可在空舍和有饲养动物的情况下实施。在有饲养动物的情况下，应选择低刺激性的消毒药物，一般使用喷雾方法，在喷雾时注意舍内各处的均匀度和药液的用量。

4.1.2　场内环境一般用喷洒消毒，也可用火焰消毒。

4.1.3　进出口消毒池应有足量的、保持有效浓度的消毒液，并根据浓度定期更换。

4.1.4　场内动物的排泄物采用堆积发酵方法消毒。

4.2　屠宰场（厂）的消毒

4.2.1　屠宰场进出口处的车辆消毒池应有足量的、保持有效浓度的消毒液，并根据浓度定期更换。

4.2.2　待宰圈：每天清洗消毒 1 次，消毒方法同 4.1.1。

4.2.3　隔离圈：每天清洗消毒 2 次，消毒方法同 4.1.1。

4.2.4　车间：每日屠宰结束，地面用去油的物品清洗后再消毒，屠宰用具采用浸泡消毒或高温消毒。

4.2.5　场内环境一般用喷洒消毒。

4.2.6　每进行 1（批）次染疫动物、动物产品无害化处理，对场地、工具（包括运输工具）、盛装器皿等设备应进行消毒。

4.3　动物及动物产品交易场所的消毒

4.3.1　动物交易场所每日清理动物排泄物、废弃物等，并喷洒消毒 1 次。

4.3.2　动物产品交易场所每日清洗消毒 1 次。

4.4　动物及动物产品运载工具的消毒

4.4.1　运输动物、动物产品的交通工具在装前、卸后按规定进行清洗消毒。

4.4.2　经铁路运输动物、动物产品的车辆，在铁路部门指定的车辆洗刷消毒站进行清洗消毒。

4.4.3　经公路运输动物、动物产品的车辆通过消毒通道或用电动喷雾器进行喷雾消毒。

4.4.4　经水路、航空运输动物、动物产品的船舶、飞机及其他运载工具采用喷雾方法进行消毒。

4.5 冷库的消毒

可采用喷雾、熏蒸等方法消毒。

4.6 动物产品的消毒

可疑污染畜禽病原微生物的动物产品及其包装物的消毒按 GB 16569 执行。

5 消毒效果监测

5.1 熏蒸消毒监测

5.1.1 将装于布袋内的枯草杆菌芽胞染菌片（每片含菌 1 000 万个）或化学指示袋(溴酚蓝指示剂）放入熏蒸室（器）内，同时安放入输药管道，并检查袋壁有无破损或裂缝，然后封口。

5.1.2 熏蒸 48 h 后，取出染菌片，放入灭菌营养肉汤，37 ℃下培养 24 h，观察有无细菌生长；或观察化学指示袋是否由无色变为紫色。若无细菌生长或指示袋变为紫色，证明消毒效果良好。

5.2 喷雾消毒效果监测

5.2.1 染菌样片（枯草杆菌芽孢或大肠杆菌）测定法

5.2.1.1 将染菌样片置于具有代表性的各点。

5.2.1.2 消毒后无菌操作将染菌样片置入含有中和剂的营养肉汤中，充分振荡，经适当稀释，取适量稀释液，浇注平板，置于 37 ℃温箱中培养 24~48 h，进行菌落计数，同时作对照样片，计算杀灭率。

5.2.1.3 杀灭率（%）=（对照样片回收菌落数−消毒后样片回收菌落数）×100% /对照样片回收菌落数。

5.3 浸泡消毒效果监测

5.3.1 将染菌样片放入布袋内，置于消毒容器（池）内。

5.3.2 消毒后，取出染菌样片，放入灭菌营养肉汤，37 ℃下培养 24 h，观察有无细菌生长，若无细菌生长，证明消毒效果良好。

附录 17

动物疫病净化场评估管理指南（2023 版）

第一条　为做好动物疫病净化场评估工作，规范动物疫病净化场评估管理，根据《农业农村部关于推进动物疫 病净化工作的意见》（农牧发〔2021〕29 号，以下简称《意见》），经农业农村部畜牧兽医局同意，制定本指南。

第二条　农业农村部负责全国动物疫病净化工作，中国动物疫病预防控制中心具体组织实施，制定发布净化评估技术规范和评估管理指南等。

第三条　本指南所称“动物疫病净化场”是指通过农业农村部或省级农业农村主管部门组织的统一评估，达到特定动物疫病净化标准的养殖场。

第四条　申请国家级动物疫病净化场评估的养殖场，须通过省级动物疫病净化场评估，并按《国家级动物疫病净化场申报书》（附件 1）要求，逐级向省级农业农村主管部门提交相关申请材料；省级农业农村主管部门统一组织向农业农村部畜牧兽医局申请评估。

第五条　农业农村部畜牧兽医局对申报材料进行初审，由中国动物疫病预防控制中心具体组织专家组对通过初审的单位进行材料评估，按照 30%的比例现场抽检评估部分养殖场，申请数量不足 3 家的省份，申请养殖场全部进行现场评估。

第六条　中国动物疫病预防控制中心负责组建国家级动物疫病净化评估专家库，制定并发布《动物疫病净化评估技术规范》。

第七条　现场评估实行专家组长负责制。评估专家由中国动物疫病预防控制中心从国家级动物疫病净化评估专家库中随机抽取，专家组由 3~5 人组成，专家组组长由中国动物疫病预防控制中心指定。农业农村部畜牧兽医局根据工作需要派观察员参加现场评估。

第八条 现场评估包括实地查看和实验室检测两部分，评估专家组负责实地查看、现场采样监督和实验室检测结果的确认。

中国动物疫病预防控制中心指定实验室开展实验室检 测并出具检测报告，养殖场所在地的各级动物疫病预防控制机构负责协助完成各项工作。

第九条 现场评估专家组应根据《动物疫病净化评估技术规范》相关要求逐项进行现场评审、监督采样，如实记录检查结果和存在的问题，并依据现场评审和检测结果，提出评估意见。

第十条 评估意见分为通过、限期整改和不通过 3 种。

需限期整改的养殖场应在规定的时限内完成整改，并将整改报告报评估专家组。评估专家组对整改报告进行审核，必要时可进行现场复核，并提出评估意见。评估专家组组长对评估结果进行确认，完成评估报告。

第十一条 在完成材料评估和现场评估的基础上，召开专家评审会议，确定国家级动物疫病净化场建议名单，报农业农村部畜牧兽医局审核，审核通过的按程序以农业农村部文件发布。

第十二条 未通过评估的养殖场，可按照国家级动物疫病净化场评估工作安排和要求重新提出申请。

第十三条 自农业农村部发布之日起，国家级动物疫病净化场的有效期：种畜禽场、奶畜场为 5 年，规模养殖场为 3 年（不含种畜禽场、奶畜场）。动物疫病净化场应按照统一制式（附件 2）悬挂牌匾。

国家级动物疫病净化场应在有效期到期前 6 个月以上提出复评估申请，复评估按初次评估规定的评估程序执行。

第十四条 国家级动物疫病净化场实行动态监测制度。中国动物疫病预防控制中心受委托对国家级动物疫病净化场进行现场调研和抽样检测，发现不符合净化要求的，将结果报告农业农村部畜牧兽医局，建议暂停或取消其国家级动物疫病净化场资格。

第十五条 有下列情形之一的，暂停国家级动物疫病净化场资格：

（一）生物安全管理体系不能正常运行的；

（二）监测证据不能证明达到相关疫病净化标准的；

（三）当地畜牧兽医机构不能对动物疫病净化场实施有效监管的；

（四）其他需要暂停的情形。

第十六条 被暂停资格的国家级动物疫病净化场应在 12 个月内完成整改，并向省级畜牧兽医部门申请评估。省级评估合格后，向农业农村部畜牧兽医局提出恢复申请。经农业农村部畜牧兽医局组织评估合格的，由农业农村部畜牧兽医局发文恢复资格；未按期完成整改或未通过评估的，由农业农村部发文取消资格。被取消资格的国家级动物疫病净化场两年内不得重新申报。

第十七条 各地要落实《意见》要求和属地管理责任，对辖区内国家级动物疫病净化场开展日常监督管理和抽样检测，发现问题及时提出暂停或者取消资格的建议，报农业农村部畜牧兽医局并抄送中国动物疫病预防控制中心。

第十八条 本指南由中国动物疫病预防控制中心负责解释。各地可参照本指南制定本辖区动物疫病净化场评估的相关规定和申报要求，组织开展动物疫病净化场评估工作。

第十九条 本指南自发布之日起施行。

附件 1：国家级动物疫病净化场申报书

附件 2：动物疫病净化场牌匾制式

(附件 1)

国家级动物疫病净化场
申报书

养殖场名称（公章）：

养殖场类型：

养殖场地址：

申请评估病种：

申请日期：

联系人：

联系方式：

填写说明

1. 本申报书由中国动物疫病预防控制中心统一编制，编号由中国动物疫病预防控制中心统一编写。

2. 本申报书由申请单位填写，经县、市、省级农业农村主管部门审核后由省级农业农村主管部门统一报送。

3. 本申报书通过系统进行申报，纸质版同时寄送至农业农村部畜牧兽医局防疫处（北京市朝阳区农展南里 11 号，010−59191402）和中国动物疫病预防控制中心创新中心工作组（北京市大兴区天贵大街 17 号，010−59198881）。

4. 填报内容必须客观真实。

5. 申报材料目录第 1~9 项由申请单位填写，第 10 项由审核机构填写。

6. 申报材料目录第 11~15 项由申报单位提供，第 16~24 项由县级农业农村主管部门核对原件后复印并加盖公章。

7. 需要提交的材料按顺序装订成册。

申报材料目录

<table>
<tr><th>序号</th><th>材料名称</th><th>材料内容</th><th>备注</th></tr>
<tr><td>1</td><td>表 1　基本信息登记表</td><td rowspan="6">根据申报养殖场畜禽类别不同填写相应内容</td><td rowspan="14">系统申报并提供纸质材料</td></tr>
<tr><td>2</td><td>表 2　生产情况汇总表</td></tr>
<tr><td>3</td><td>表 3　种源管理情况表</td></tr>
<tr><td>4</td><td>表 4　免疫情况表</td></tr>
<tr><td>5</td><td>表 5　消毒及无害化处理措施</td></tr>
<tr><td>6</td><td>表 6　本年度主要疫病监测计划</td></tr>
<tr><td>7</td><td>表 7　近三年疫病监测情况汇总表</td><td>至少提供在申报评审前三年的自行检测或委托其他检测机构检测的检测报告，由县级农业农村主管部门现场审核报告原件并核实表 7（不需提供检测报告复印件）；根据申报养殖场畜禽类别不同，提供相应的内容</td></tr>
<tr><td>8</td><td>表 8　人员情况（主要管理人员、技术人员名单）</td><td>名单列表</td></tr>
<tr><td>9</td><td>表 9　技术规程与管理制度清单</td><td>提供清单目录</td></tr>
<tr><td>10</td><td>表 10　国家级动物疫病净化场资格评审意见表</td><td>根据申报类型不同填写相应表格</td></tr>
<tr><td>11</td><td>申请单位基本情况介绍</td><td>集团企业概况，本场概况（包括场址选择与周围环境）、生产能力（养殖品种、来源及规模；种畜禽生产技术水平情况；生产及配套设施情况；生产经营管理、档案管理等制度制订情况）、防疫情况（设施建设，免疫程序执行情况，消毒、无害化处理设施设备购置和运行等）、技术水平（管理及技术人员配备情况、管理及技术人员学历职称等）、经济效益等。</td></tr>
<tr><td>12</td><td>养殖场布局平面图</td><td>场址位置平面图和场内各功能区平面布局图，要求标注各分区及栋舍号</td></tr>
<tr><td>13</td><td>净化技术方案</td><td>场内本底情况、净化的病种，采取的技术路线和措施；如申报多个病种，将各疫病分开写</td></tr>
<tr><td>14</td><td>净化工作总结</td><td>净化背景、组织实施、基础保障、净化进展（疫病状况、生产性能、经济效益等）、当前面临的难点问题及今后的思路</td></tr>
</table>

续表

序号	材料名称	材料内容	备注
15	声明	承诺近两年内未发生过重大动物疫情及净化病种（病名）的流行，自查符合《动物疫病净化评估技术规范》，所提供材料真实可信，本场承担未如实报告的责任和后果（法定代表人签字、公章、日期）	系统申报并提供纸质材料
16	近一年内有资质的兽医实验室动物疫病检测合格报告复印件	提供报告复印件及资质证明	系统申报并提供纸质材料，县级农业农村主管部门审核原件后在复印件加盖公章
17	《种畜禽生产经营许可证》复印件	奶牛场、规模场除外	
18	《动物防疫条件合格证》复印件		
19	营业执照复印件		
20	法人或业主身份证明复印件		
21	本场专职兽医人员执业兽医资格证书		
22	省级动物疫病净化场证明复印件	包括主管部门发文、省级净化场评估报告、近一年内有资质的兽医实验室评估检测合格报告（含抽样方案）	
23	现场审查证明材料	依据现场审查评分表，逐项提供证明材料	
24	养殖场自评报告	提供养殖场自评表及自评报告	

表 1-1　基本信息登记表

一、基础信息

名称			场址		
纬度(度°分′秒″)		经度(度°分′秒″)		海拔/m	
动物种类		场点类型		启用时间	
企业性质		投资/万元		上年度销售额/万元	
占地总面积/m²		生产区面积/m²		辅助区面积/m²	
总建筑面积/m²		生产建筑面积/m²		辅助建筑面积/m²	

二、联系方式

法人代表		联系电话		邮箱	
场长		联系电话		邮箱	
净化负责人		联系电话		邮箱	

三、人员情况（职工总数　　人）

管理人员总数		技术员总数		饲养员总数	
硕士及以上人数		本科生人数		大专生人数	
高级职称人数		中级职称人数		初级职称人数	

四、卫生防疫情况调查

项目	内容	结果	备注
基本条件	本场是否有专职驻场兽医		
	3 公里内是否有其他养殖场、交易市场或者屠宰场		
	是否与主要交通干道有效隔离		
	生活区、生产区是否完全分开		
	栋舍情况（开放、半开放、全封闭）		
	生产区、无害化处理区是否完全分开		
	是否为全进全出生产模式		
	全进全出饲养模式（按舍/按场）		
	是否有独立产房		
	饮水来源		
	饲料来源		
无害化处理	栋舍粪污处理方式		
	病死动物处理方式		
	粪便处理方式		
消毒	饲料进入场区是否有专用通道		
	人员进入场区是否有专用通道		

续表

项目	内容	结果	备注
消毒	外售动物是否有专用通道		
	是否有废弃物出场专用通道		
	车辆、人员进出场区是否消毒		
	饮用水是否消毒		
	饲料是否消毒		
种源	本场是否从场外其他地方引种		
	引种来源		
	最近一次引种时间		
	本场引进种畜禽/精液是否对其进行疫病病原学检测		
	引进种畜禽是否进行隔离		
	引进种畜禽隔离方式		
	本场对外销售动物或精液的方式		
监测净化	本场是否定期进行免疫抗体检测		
	本场是否定期进行病原监测		
	本场是否自行开展血清学监测		
	本场开展疫病净化的时间		
	开展的主要净化病种		
	最希望开展净化的病种		
防疫支出	上年度疫病检测费用支出（万元）		
	上年度消毒药支出（万元）		
	上年度疫苗支出（万元）		
	上年度兽药支出（不含疫苗）（万元）		
	上年度防疫设施建设支出（万元）		
生产效益	净化规模（头/只）		
	净化投入（万元）		
	净化收益（万元）		
	净化减少损失（万元）		
	总经济效益（万元）		

注：1. 净化投入可依据本年度用于净化的设施设备投资金额、畜舍用具损耗投资金额、净化后多生新仔猪成本、淘汰死猪损失费、净化用额外水电费、淘汰死猪无害化处理费、净化用额外消耗品（工作服、帽子、鞋等）、疫苗费用（元）、检测费、消毒药费等 进行测算。

2. 净化收益可依据成活生猪净收益、净化后销售价格的净提高、政府补贴等进行测算。

3. 净化减少损失可依据疫苗节约、医疗费节约、母猪淘汰减低的节约、母猪流产降低的节约、淘汰猪残值、感染其他传染病节约等进行测算。

表 1-2　基本信息登记表

一、基础信息

名称			场址		
纬度(度°分′秒″)		经度(度°分′秒″)		海拔/m	
动物种类		场点类型		启用时间	
企业性质		投资/万元		上年度销售额/万元	
占地总面积/m²		生产区面积/m²		辅助区面积/m²	
总建筑面积/m²		生产建筑面积/m²		辅助建筑面积/m²	

二、联系方式

法人代表		联系电话		邮箱	
场长		联系电话		邮箱	
净化负责人		联系电话		邮箱	

三、人员情况（职工总数　　人）

管理人员总数		技术员总数		饲养员总数	
硕士及以上人数		本科生人数		大专生人数	
高级职称人数		中级职称人数		初级职称人数	

四、卫生防疫情况调查

项目	内容	结果	备注
基本条件	本场是否有专职驻场兽医		
	3 公里内是否有其他养殖场、交易市场或者屠宰场		
	是否与主要交通干道有效隔离		
	生活区、生产区是否完全分开		
	栋舍情况（开放、半开放、全封闭）		
	生产区、无害化处理区是否完全分开		
	是否为全进全出生产模式		
	全进全出饲养模式（按舍/按场）		
	是否有独立产房		
	饮水来源		
	饲料来源		
无害化处理	栋舍粪污处理方式		
	病死动物处理方式		
	粪便处理方式		
消毒	饲料进入场区是否有专用通道		
	人员进入场区是否有专用通道		

续表

项目	内容	结果	备注
消毒	外售动物是否有专用通道		
	是否有废弃物出场专用通道		
	车辆、人员进出场区是否消毒		
	饮用水是否消毒		
	饲料是否消毒		
调入	本场是否从场外其他地方调入		
	调入来源		
	最近一次调入时间		
	本场调入畜禽是否对其进行疫病病原学检测		
	调入畜禽是否进行隔离		
	调入畜禽隔离方式		
	本场对外销售动物及其产品的方式		
监测净化	本场是否定期进行免疫抗体检测		
	本场是否定期进行病原监测		
	本场是否自行开展血清学监测		
	本场开展疫病净化的时间		
	开展的主要净化病种		
	最希望开展净化的病种		
防疫支出	上年度疫病检测费用支出（万元）		
	上年度消毒药支出（万元）		
	上年度疫苗支出（万元）		
	上年度兽药支出（不含疫苗）（万元）		
	上年度防疫设施建设支出（万元）		
生产效益	净化规模（头/只）		
	净化投入（万元）		
	净化收益（万元）		
	净化减少损失（万元）		
	总经济效益（万元）		

注：1. 净化投入可依据本年度用于净化的设施设备投资金额、畜舍用具损耗投资金额、净化后多生新仔猪成本、淘汰死猪损失费、净化用额外水电费、淘汰死猪无害化处理费、净化用额外消耗品（工作服、帽子、鞋等）、疫苗费用（元）、检测费、消毒药费等 进行测算。

2. 净化收益可依据成活生猪净收益、净化后销售价格的净提高、政府补贴等进行测算。

3. 净化减少损失可依据疫苗节约、医疗费节约、母猪淘汰减低的节约、母猪流产降低的节约、淘汰猪残值、感染其他传染病节约等进行测算。

表 2-1 生产情况汇总表（种猪场）

统计周期：______年____月到______年____月　　　　填报时间：

		种公猪	种母猪	后备猪	保育猪	生长猪	哺乳仔猪	合计
生产规模	上年末存栏数/头							
	目前总存栏数/头							
	统计周期出栏数							
	生产母猪存栏数/头	头胎母猪	2~3 胎	4~6 胎	6 胎以上	总计	—	—
							—	—
生产指标	母猪配种受胎率/%				母猪配种分娩率/%		平均每窝产仔数/头	
	平均窝产活仔数/头				平均窝产健仔数/头		初生仔猪成活率/%	
	断奶仔猪成活率/%				保育阶段成活率/%		育成阶段成活率/%	
	种公猪死亡数/头				种公猪淘汰数（不含死亡数）		种公猪年更新率/%	
	生产母猪死亡数/头				生产母猪淘汰数（不含死亡数）		生产母猪年更新率/%	
	后备母猪死亡数				后备母猪淘汰数（不含死亡数）		后备母猪淘汰率/%	
饲养品种	品种名称	种公猪			种母猪	后备公猪	后备母猪	合计
栋舍分布	栋舍号	栏位数			设计存栏量	生产阶段	存栏数（产房只填写母猪数）	产房仔猪数

注：栋舍分布存栏数一栏产房母猪数、仔猪数分开填写。

表 2-2 生产情况汇总表（种鸡场）

统计周期：_____年____月到_____年____月　　　　填报时间：

			曾祖代	祖代/套	父母代/套	商品代/套	合计
生产规模	上年末存栏数/套						
	当前总存栏数/套						
	养殖方式（平养/笼养）			备注			
生产指标	本批次（世代）	引入时间		淘汰时间		引入套数	
		平均死亡率/%		育成期之前死亡率/%		育成期后死亡率/%	
		育雏成活率/%		平均淘汰率/%		产蛋期月死淘率/%	
		总平均产蛋率/%		种用公鸡死亡数/只		种用公鸡淘汰数（不含死亡数）	
		高峰期产蛋率/%		种用母鸡死亡数/只		种用母鸡淘汰数（不含死亡数）	
	上批次（世代）	引入时间	淘汰时间		饲养周期/d		
		平均死亡率/%		育成期之前死亡率/%		育成期后死亡率/%	
		育雏成活率/%		平均淘汰率/%		产蛋期月死淘率/%	
		总平均产蛋率/%		种用公鸡死亡数/只		种用公鸡淘汰数（不含死亡数）	
		高峰期产蛋率/%		种用母鸡死亡数/只		种用母鸡淘汰数（不含死亡数）	
主要饲养品种	品种名称		曾祖代	祖代/套	父母代/套	—	—
						—	—
						—	—
						—	—
栋舍分布	栋舍号		笼位数（栏数）	设计存栏量	周龄	生产阶段	存栏数

表 2–3　生产情况汇总表（种牛场）

统计周期：______年____月到______年____月　　　　　　　　填报时间：

		种公牛	种母牛	青年牛	犊牛	合计
生产规模	上年末存栏数/头					
	目前总存栏数/头					
生产指标	配种母牛头数		情期受胎母牛数		流产母牛数	
	产犊数		犊牛死亡数		—	—
	公畜死亡数/头		公畜淘汰数（不含死亡数）		公畜年更新率/%	
	母畜死亡数/头		母畜淘汰数（不含死亡数）		母畜更新率/%	
饲养品种	品种名称	种公牛	种母牛	青年牛	合计	
栋舍分布	栋舍号	栏位数	设计存栏量	生产阶段	现存栏数	

表 2-4　生产情况汇总表（奶牛场）

统计周期：______年____月到______年____月　　　　　　　　填报时间：

生产规模		生产母牛	育成牛	种公牛	犊牛	合计
	上年末存栏数/头					
	目前总存栏数/头					
生产指标	总产奶量/万升		每头每天平均产奶量/(头·d^{-1})		最高产奶牛年产奶量	
	配种母牛头数		情期受胎母牛数		产犊数	
	流产母牛数		生乳体细胞数（周平均数）		生乳细菌总数（周平均数）	
	公畜死亡数/头		公畜淘汰数（不含死亡数）		公畜年更新率/%	
	母畜死亡数/头		母畜淘汰数（不含死亡数）		母畜更新率/%	
饲养品种	品种名称	生产母牛	青年牛	种公牛	合计	
栋舍分布	栋舍号	栏位数	设计存栏量	生产阶段	现存栏数	

表 2–5　生产情况汇总表（种羊场）

统计周期：______年____月到______年____月　　　　填报时间：

		种公羊	种母羊	青年羊	羔羊	合计
生产规模	上年末存栏数/只					
	目前总存栏数/只					
生产指标	母羊配种头数		母羊分娩头数		母羊流产头数	
	产羔数		羔羊死亡数		—	—
	种用公羊死亡数/只		种用公羊淘汰数（不含死亡数）		种用公羊年更新率/%	
	种用母羊死亡数/只		种用母羊淘汰数（不含死亡数）		种用母羊年更新率/%	
饲养品种	品种名称	种公羊	种母羊	青年羊	合计	
栋舍分布	栋舍号	栏位数	设计存栏量	生产阶段	现存栏数	

表 2-6 生产情况汇总表（种公猪站）

统计周期：______年____月到______年____月　　　　填报时间：

生产规模		基础种公猪	后备种公猪	合计	
	上年末存栏数/头				
	目前总存栏数/头				
生产指标	种公猪年更新率/%			后备种公猪来源	
	引入种公猪数/头				
	种公猪淘汰数（不含死亡数）				
	种公猪死亡数/头				
	年提供精液数量				
饲养品种	品种名称	基础种公猪	后备种公猪	合计	
栋舍分布	栋舍号	栏位数	设计存栏量	生产阶段	存栏数

表 2-7　生产情况汇总表（种公牛站）

统计周期：______年____月到______年____月　　　　填报时间：

生产规模		基础种公牛	后备种公牛	合计	
	上年末存栏数/头				
	目前总存栏数/头				
生产指标	种公牛年更新率/%			更新种公牛来源	
	引入种公牛数/头				
	种公牛淘汰数（不含死亡数）				
	种公牛死亡数/头				
	年提供精液数量				
饲养品种	品种名称	基础种公牛	后备种公牛	合计	
栋舍分布	栋舍号	栏位数	设计存栏量	生产阶段	存栏数

表 2-8　生产情况汇总表（规模猪场）

统计周期：______年____月到______年____月　　　　填报时间：

		种公猪	种母猪	后备猪	保育猪	育肥猪	哺乳仔猪	合计
生产规模	上年末存栏数/头							
	目前总存栏数/头							
	统计周期出栏数							
	生产母猪存栏数/头	头胎母猪	2~3 胎	4~6 胎	6 胎以上	总计	—	—
							—	—
生产指标	母猪配种受胎率/%				母猪配种分娩率/%		平均每窝产仔数/头	
	平均窝产活仔数/头				平均窝产健仔数/头		初生仔猪成活率/%	
	断奶仔猪成活率/%				保育阶段成活率/%		育肥阶段成活率/%	
	种公猪死亡数/头				种公猪淘汰数（不含死亡数）		种公猪年更新率/%	
	生产母猪死亡数/头				生产母猪淘汰数（不含死亡数）		生产母猪年更新率/%	
	后备母猪死亡数				后备母猪淘汰数（不含死亡数）		后备母猪淘汰率/%	
	平均出栏日龄/d				平均出栏体重/kg		料肉比	
饲养品种	品种名称	种公猪		种母猪	后备公猪	后备母猪	育肥猪	合计
栋舍分布	栋舍号	栏位数			设计存栏量	生产阶段	存栏数（产房只填写母猪数）	产房仔猪数

注：栋舍分布存栏数一栏产房母猪数、仔猪数分开填写。

表 2-9　生产情况汇总表（规模鸡场）

统计周期：______年____月到______年____月　　　　　　　　　　　　填报时间：

生产规模	商品蛋鸡	当前存栏量			上年末存栏量		
		育雏期	育成期	产蛋期	育雏期	育成期	产蛋期
	商品肉鸡	当前存栏量		今年出栏量		上年出栏量	
		育雏期	育肥期	出栏批次数	出栏鸡数量	出栏批次数	出栏鸡数量
	养殖方式（平养/笼养）			备注			
生产指标	商品蛋鸡	进场日龄		开产日龄		整群淘汰日龄	
		平均死亡率/%		育成期之前死亡率/%		育成期后死亡率/%	
		产蛋期月死亡率/%		产蛋期月淘汰率/%		是否存在强制换羽情况	
		总平均产蛋率/%		总平均料蛋比		出现的蛋品质异常情况有哪些	
		高峰期产蛋率/%		高峰期持续时间		高峰期料蛋比	
	商品肉鸡	进场日龄/d		出栏日龄/d		一年出栏几批鸡	
		平均死亡率/%		育雏期死亡率/%		育肥期死亡率/%	
		平均淘汰率/%		出现的淘汰情况有哪些			
		平均出栏体重/kg		料肉比		欧洲效益指数	
主要饲养品种	品种名称		饲养量	—	—	—	—
				—	—	—	—
				—	—	—	—
				—	—	—	—
栋舍分布	栋舍号		笼位数（栏数）	设计存栏量	周龄	生产阶段	存栏数

表 2-10　生产情况汇总表（规模牛场）

统计周期：______年____月到______年____月　　　　填报时间：

生产规模		种公牛	种母牛	成年牛	犊牛	合计
	上年末存栏数/头					
	目前总存栏数/头					
生产指标	配种母牛头数		情期受胎母牛数		流产母牛数	
	产犊数		犊牛死亡率/%		育肥死亡率/%	
	公畜死亡数/头		公畜淘汰数（不含死亡数）		公畜年更新率/%	
	母畜死亡数/头		母畜淘汰数（不含死亡数）		母畜更新率/%	
	平均出栏日龄/d		平均出栏体重/kg		料肉比	
饲养品种	品种名称	种公牛	种母牛	成年牛	合计	
栋舍分布	栋舍号	栏位数	设计存栏量	生产阶段	现存栏数	

表 2-11　生产情况汇总表（规模羊场）

统计周期：______年____月到______年____月　　　　填报时间：

生产规模		种公羊	种母羊	成年羊	羔羊	合计
	上年末存栏数/只					
	目前总存栏数/只					
生产指标	母羊配种头数		母羊分娩头数		母羊流产头数	
	产羔数		羔羊死亡数		成年羊死亡率/%	
	种用公羊死亡数/只		种用公羊淘汰数（不含死亡数）		种用公羊年更新率/%	
	种用母羊死亡数/只		种用母羊淘汰数（不含死亡数）		种用母羊年更新率/%	
	平均出栏日龄/d		平均出栏体重/kg		料肉比	
	泌乳羊平均日产奶量/kg		年平均泌乳天数/d		平均产毛量/kg	
饲养品种	品种名称	种公羊	种母羊	成年羊	合计	
栋舍分布	栋舍号	栏位数	设计存栏量	生产阶段	现存栏数	

表 3-1　种源管理情况表

1. 引种情况

	引入时间	品种	数量	性别	引种来源		
					国家	省	公司名称
本场外引入种畜禽							
本场外引入精液							

2. 近一年内提供种用动物情况

年/月	提供种用公畜数量/头	提供种用母畜数量/头	提供精液数量/mL	提供种禽数量/套	销售范围	主要销售地点
					□ 本集团公司 □ 本省内 □ 国内其他省 □ 国外	

续表

3. 种源动物疫病监测情况

疫病检测项目	检测范围				检测机构名称	检测范围	检测方法	检测方式
	引进种畜禽	引入精液	外售种畜禽	外售精液				

注：种畜禽场填写。自繁自养场点须填写建场以来主要引种情况，其他场点填写近三年引种情况。

表 3-2 调入管理情况表

1. 调入情况

	调入时间	品种	数量	性别	来源		
					国家	省	公司名称
本场调入畜禽							
本场外引入精液							

2. 近一年内外售动物及其产品情况

年/月	畜禽/(头·只$^{-1}$)	鸡蛋/枚	乳制品/t	其他____	销售范围	主要销售地点
					□ 本省内 □ 国内其他省 □ 国外	

续表

3. 调入动物疫病监测情况

疫病检测项目	检测范围		检测机构名称	检测范围	检测方法	检测方式
	调入畜禽	外售种畜禽及其产品				

注：自繁自养场点须填写建场以来主要引种情况，其他场点填写近三年引种情况。

表 4 免疫情况登记表

	免疫病种	疫苗名称/亚型	疫苗生产厂家	疫苗类型	疫苗来源	疫苗成本（元/头份）
疫苗使用						
本场免疫程序	（详细描述本场疫病免疫程序，包括免疫时间、使用疫苗及数量、免疫阶段，可另附页）					

表 5　消毒及无害化处理措施

<table>
<tr><td rowspan="10">消毒</td><td>消毒对象</td><td>消毒方式</td><td>消毒频次</td><td>消毒药更换频次</td><td>消毒药名称</td><td>生产厂家</td><td>备注</td></tr>
<tr><td>入场消毒池</td><td></td><td></td><td></td><td></td><td></td><td></td></tr>
<tr><td>入场车辆</td><td></td><td></td><td></td><td></td><td></td><td></td></tr>
<tr><td>入场人员</td><td></td><td></td><td></td><td></td><td></td><td></td></tr>
<tr><td>人员进入生产区</td><td></td><td></td><td></td><td></td><td></td><td></td></tr>
<tr><td>栋舍</td><td></td><td></td><td></td><td></td><td></td><td></td></tr>
<tr><td>环境</td><td></td><td></td><td></td><td></td><td></td><td></td></tr>
<tr><td>其他______</td><td></td><td></td><td></td><td></td><td></td><td></td></tr>
<tr><td>其他______</td><td></td><td></td><td></td><td></td><td></td><td></td></tr>
<tr><td>其他______</td><td></td><td></td><td></td><td></td><td></td><td></td></tr>
<tr><td rowspan="5">无害化处理</td><td>处理对象</td><td colspan="2">处理方式</td><td colspan="2">处理能力</td><td>设施设备</td><td>备注</td></tr>
<tr><td>粪便</td><td colspan="2"></td><td colspan="2"></td><td></td><td></td></tr>
<tr><td>污水</td><td colspan="2"></td><td colspan="2"></td><td></td><td></td></tr>
<tr><td>病死动物</td><td colspan="2"></td><td colspan="2"></td><td></td><td></td></tr>
<tr><td>场区垃圾</td><td colspan="2"></td><td colspan="2"></td><td></td><td></td></tr>
</table>

表 6　本年度主要疫病监测计划

监测项目	监测动物群体	检测方法	备注（检测方法选择“其他”的需填写）	检测频率（次/年）	抽样方式	每次检测数量（头/只）	每次检测数占所在群比例/%

注：监测项目一栏填写需具体到某种疫病的某个项目，例如猪瘟病原、猪瘟抗体、禽流感抗体、禽流感病原等。

表 7-1 近三年疫病监测情况汇总表（猪场）

报告编号	检测日期	检测类型	检测机构	采样群体	采样群体存栏量	采样数量	检测项目及结果																							
							猪瘟抗体		猪蓝耳病抗体		口蹄疫O型抗体		口蹄疫A型抗体		口蹄疫非结构蛋白抗体		猪伪狂犬病gB抗体		猪伪狂犬病gE抗体		非洲猪瘟病原		猪瘟病原		猪蓝耳病病原		猪口蹄疫病原		其他——	
							检测数	阳性数	检测数	阳性数	检测数	阳性数	检测数	阳性数	检测数	阳性数	检测数	阳性数	检测数	阳性数	检测数	阳性数	检测数	阳性数	检测数	阳性数	检测数	阳性数	检测数	阳性数
汇总					0	0	0	0	0	0	0	0	0	0	0	0	0	0	0	0	0	0	0	0	0	0	0	0	0	0
平均阳性率/合格率							#DIV/0!		#DIV/0!		#DIV/0!		#DIV/0!		#DIV/0!		#DIV/0!		#DIV/0!		#DIV/0!		#DIV/0!		#DIV/0!		#DIV/0!		#DIV/0!	

注：以每次检测为单元填写本表，检测类型包括自检（本场自行检测或者本场所在集团公司实验室进行的监测）、委托检验（由本场送样，委托第三方机构进行的检测）、监督检验（由兽医行政相关部门自行采样或者监督采样进行的检验）；本表最后两行自动统计，请勿修改；若一页不够，可复制本表填写。

表 7-2　近三年疫病监测情况汇总表（鸡场）

报告编号	检测日期	检测类型	检测机构	采样群体	采样群体存栏量	采样数量	检测项目及结果																											
							禽流感免疫抗体（H5）		禽流感免疫抗体（H7）		新城疫免疫抗体		禽流感病原（H5）		禽流感病原（H7）		新城疫病原		禽白血病病毒分离		禽白血病 p27 抗原		禽白血病 J 亚群抗体		禽白血病 A/B 亚群抗体		鸡白痢抗体		支原体抗体		支原体病原		其他 ——	
							检测数	阳性数	检测数	阳性数	检测数	阳性数	检测数	阳性数	检测数	阳性数	检测数	阳性数	检测数	阳性数	检测数	阳性数	检测数	阳性数	检测数	阳性数	检测数	阳性数	检测数	阳性数	检测数	阳性数	检测数	阳性数
汇总					0	0	0	0	0	0	0	0	0	0	0	0	0	0	0	0	0	0	0	0	0	0	0	0	0	0	0	0	0	0
平均阳性率/合格率							#DIV/0!		#DIV/0!		#DIV/0!		#DIV/0!		#DIV/0!		#DIV/0!		#DIV/0!		#DIV/0!		#DIV/0!		#DIV/0!		#DIV/0!		#DIV/0!		#DIV/0!		#DIV/0!	

注：以每次检测为单元填写本表，检测类型包括自检（本场自行检测或者本场所在集团公司实验室进行的监测）、委托检验（由本场送样，委托第三方机构进行的检测）、监督检验（由兽医行政相关部门自行采样或者监督采样进行的检验）；本表最后两行自动统计，请勿修改；若一页不够，可复制本表填写。

表 7-3　近三年疫病监测情况汇总表（牛场）

报告编号	检测日期	检测类型	检测机构	采样群体	采样群体存栏量	采样数量	检测项目及结果																	
							口蹄疫O型抗体		口蹄疫A型抗体		口蹄疫非结构蛋白抗体		口蹄疫病原		布鲁氏菌病抗体		布鲁氏菌病病原		结核菌素r干扰素		结核菌素变态反应		其他___	
							检测数	阳性数	检测数	阳性数	检测数	阳性数	检测数	阳性数	检测数	阳性数	检测数	阳性数	检测数	阳性数	检测数	阳性数	检测数	阳性数
汇总					0	0	0	0	0	0	0	0	0	0	0	0	0	0	0	0	0	0	0	0
平均阳性率/合格率							#DIV/0!		#DIV/0!		#DIV/0!		#DIV/0!		#DIV/0!		#DIV/0!		#DIV/0!		#DIV/0!		#DIV/0!	

注：以每次检测为单元填写本表，检测类型包括自检（本场自行检测或者本场所在集团公司实验室进行的监测）、委托检验（由本场送样，委托第三方机构进行的检测）、监督检验（由兽医行政相关部门自行采样或者监督采样进行的检验）；本表最后两行自动统计，请勿修改；若一页不够，可复制本表填写。

表 7-4　近三年疫病监测情况汇总表（羊场）

报告编号	检测日期	检测类型	检测机构	采样群体	采样群体存栏量	采样数量	检测项目及结果																	
							口蹄疫O型抗体		口蹄疫A型抗体		口蹄疫非结构蛋白抗体		口蹄疫病原		布鲁氏菌病抗体		布鲁氏菌病病原		小反刍兽疫抗体		小反刍兽疫病原		其他 ——	
							检测数	阳性数	检测数	阳性数	检测数	阳性数	检测数	阳性数	检测数	阳性数	检测数	阳性数	检测数	阳性数	检测数	阳性数	检测数	阳性数
汇总					0	0	0	0	0	0	0	0	0	0	0	0	0	0	0	0	0	0	0	0
平均阳性率/合格率							#DIV/0!		#DIV/0!		#DIV/0!		#DIV/0!		#DIV/0!		#DIV/0!		#DIV/0!		#DIV/0!		#DIV/0!	

注：以每次检测为单元填写本表，检测类型包括自检（本场自行检测或者本场所在集团公司实验室进行的监测）、委托检验（由本场送样，委托第三方机构进行的检 测）、监督检验（由兽医行政相关部门自行采样或者监督采样进行的检验）；本表最后两行自动统计，请勿修改；若一页不够，可复制本表填写。

表 8　主要管理人员、技术人员和获证特有工种人员名单

序号	姓名	性别	出生年月	本场职务	在本场工作时间	从事的本岗位的时间	职称	学历	毕业院校
1									
2									
3									
4									
5									
6									
7									
8									
9									
10									
11									
12									
13									
14									
15									
16									
17									
18									
19									
20									

表 9　技术规程与管理制度清单

序号	技术规程/管理制度名称	制定时间	备注
1			
2			
3			
4			
5			
6			
7			
8			
9			
10			
11			
12			
13			
14			
15			
16			
17			
18			
19			
20			

注：包括种畜禽饲养、防疫、管理等技术规程和制度等；仅提供制度名称，不需要提供制度内容和文件。

表 10　国家级动物疫病净化场资格评审意见表

县级农业农村主管部门审核意见	负责人签字：　　　　公章： 日期：
市级农业农村主管部门复核意见	负责人签字：　　　　公章： 日期：
省级农业农村主管部门初评及推荐意见	负责人签字：　　　　公章： 日期：
备　注	

(附件 2)

动物疫病净化场牌匾制式

一、国家级动物疫病净化场牌匾制式

(一) 样式及说明

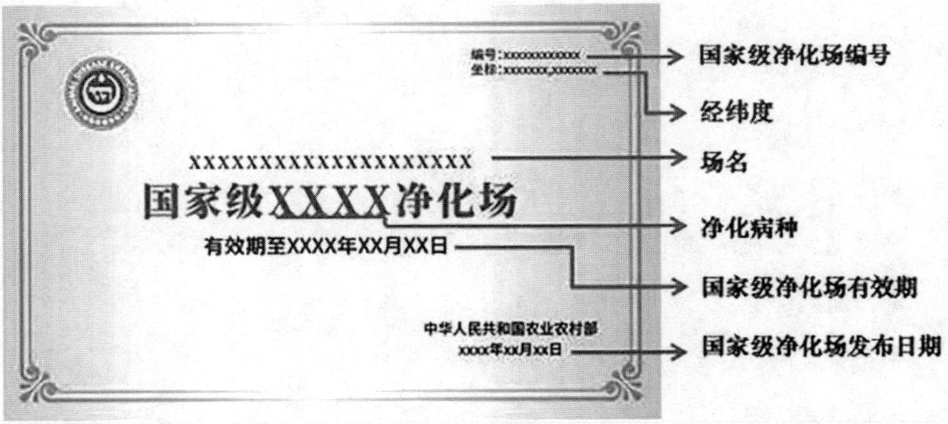

(二) 制式及说明

材质:铝合金板
工艺:主画面"UV平面彩印",花纹边框"蚀刻烤漆"
尺寸:600*380mm
厚度:平面双折2cm

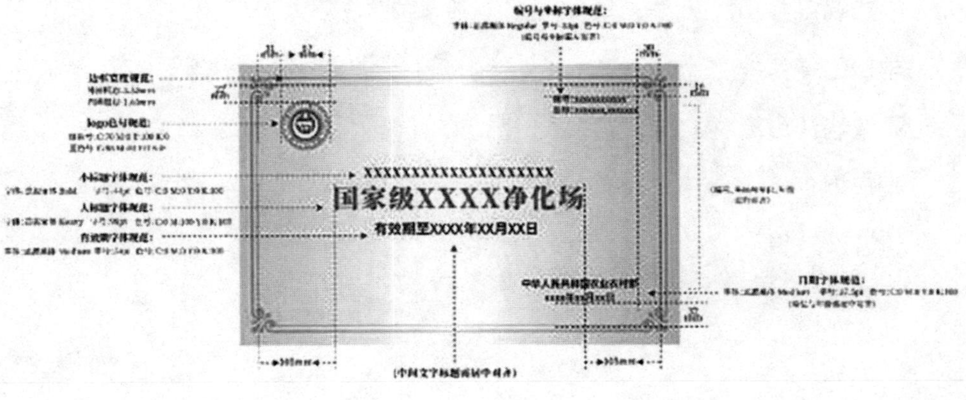

（三）编号规则

1. 编号示例及说明

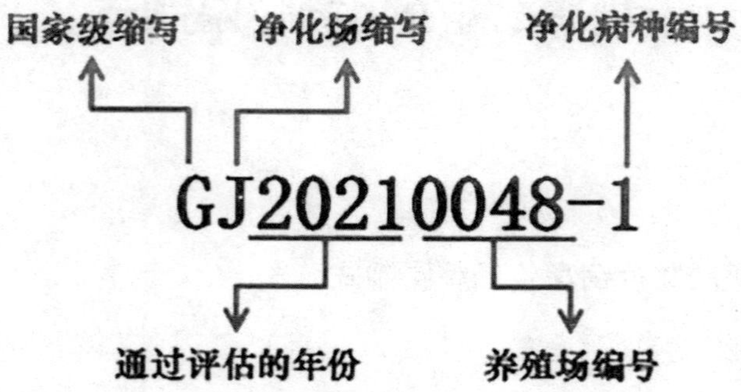

2. 净化病种及编号

猪伪狂犬病：1

猪瘟：2

猪繁殖与呼吸综合征：3

禽白血病：4

牛布鲁氏菌病：5

牛结核病：6

羊布鲁氏菌病：7

非洲猪瘟：8

猪口蹄疫：9

牛口蹄疫：10

羊口蹄疫：11

高致病性禽流感：12

鸡白痢：13

新城疫：14

支原体：15

（四）牌匾示例

二、省级动物疫病净化场牌匾制式

（一）样式及说明

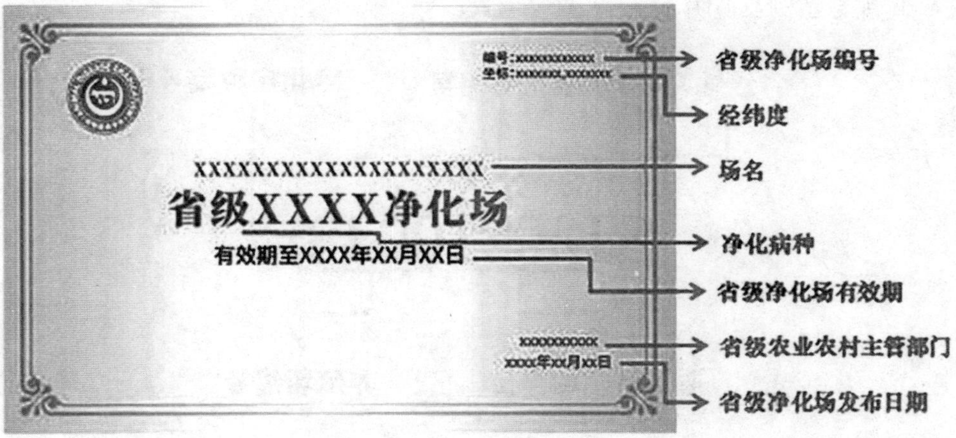

（二）制式及说明

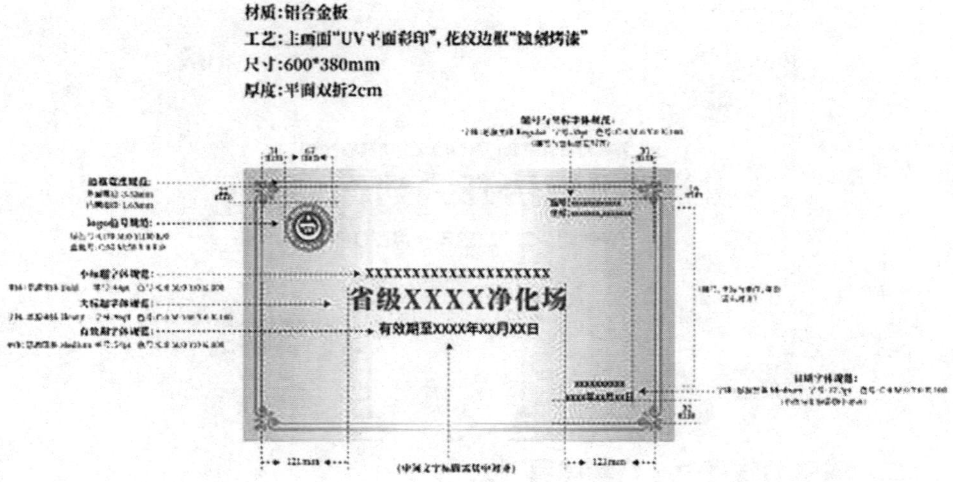

（三）编号规则

1. 编号示例及说明

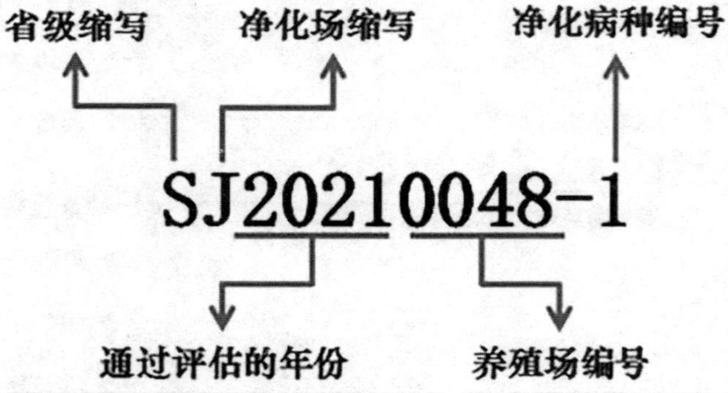

2. 净化病种及编号

猪伪狂犬病：1

猪瘟：2

猪繁殖与呼吸综合征：3

禽白血病：4

牛布鲁氏菌病：5

牛结核病：6

羊布鲁氏菌病：7

非洲猪瘟：8

猪口蹄疫：9

牛口蹄疫：10

羊口蹄疫：11

高致病性禽流感：12

鸡白痢：13

新城疫：14

支原体：15

（四）示例

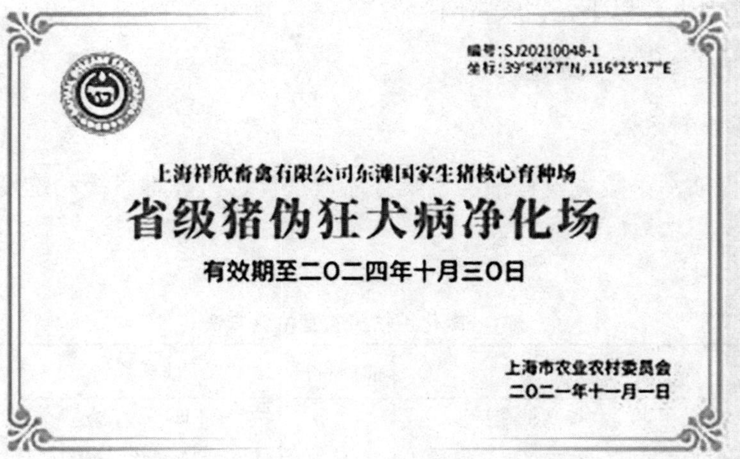

附录 18

布鲁氏菌病净化标准（2023 版）

1　种牛场布鲁氏菌病净化标准

1.1　净化标准

同时满足以下要求，视为达到净化标准：

（1）种牛群抽检，布鲁氏菌抗体检测阴性；

（2）连续两年以上无临床病例；

（3）现场综合审查通过。

1.2　抽样检测方法

净化评估专家负责设计抽样方案并监督抽样，所在地各级动物疫病预防控制机构配合完成。

表 1　净化评估实验室检测方法

检测项目	检测方法	抽样种群	抽样数量	样本类型
抗体检测	虎红平板凝集试验初筛（或 iELISA 试验初筛）及试管凝集试验确诊（或 cELISA 试验确诊）	成年牛	按照证明无疫公式计算（CL=95%，P=3%）；随机抽样，覆盖不同栋舍牛群	血清

1.3　现场综合审查

1.3.1　国家级动物疫病净化场现场综合审查

依据 1.3.3 开展现场综合审查并打分。必备条件全部满足，总分不低于 90 分，且关键项（* 项）全部满分，为国家级动物疫病净化场现场综合审查通过。

1.3.2　省级动物疫病净化场现场综合审查

依据 1.3.3 开展现场综合审查并打分。必备条件全部满足，总分不低于 80

分，且关键项（* 项）全部满分，为省级动物疫病净化场现场综合审查通过。

1.3.3 种牛场主要疫病净化现场审查评分表

类别	编号	具体内容及评分标准	关键项	分值	得分	合计
必备条件	Ⅰ	土地使用应符合相关法律法规与区域内土地使用规划，场址选择应符合《中华人民共和国畜牧法》和《中华人民共和国动物防疫法》有关规定		必备条件		
	Ⅱ	应具有县级以上畜牧兽医主管部门备案登记证明，并按照农业农村部《畜禽标识和养殖档案管理办法》要求，建立养殖档案				
	Ⅲ	应具有县级以上畜牧兽医主管部门颁发的《动物防疫条件合格证》，两年内无重大疫病和产品质量安全事件发生记录				
	Ⅳ	种畜禽养殖企业应具有县级以上畜牧兽医主管部门颁发的《种畜禽生产经营许可证》				
	Ⅴ	应有病死动物和粪污无害化处理设施设备，或有效措施				
	Ⅵ	种牛存栏 500 头以上				
人员管理5分	1	应建立净化工作团队，并有名单和明确责任分工等证明材料，应有员工管理制度		1		
	2	全面负责疫病防治工作的技术负责人应具有畜牧兽医相关专业本科以上学历或中级以上职称，从事养牛业三年以上		1		
	3	应有员工疫病防治培训制度和培训计划，有员工培训考核记录		1		
	4	养殖场从业人员应有（布鲁氏菌病、结核病）健康证明		1		
	5	本场专职兽医技术人员至少 1 名获得《执业兽医师资格证书》，并有专职证明性材料（如社保或工资发放证明等）		1		
结构布局8分	6	场区位置独立，与主要交通干道、居民生活区、生活饮用水源地、屠宰厂（场）、交易市场距离要求见《动物防疫条件审查办法》		2		
	7	场区周围应有围墙、防风林、灌木、防疫沟或其他物理屏障等隔离设施或措施		1		
	8	养殖场明显位置应有防疫警示标语、警示标牌等防疫标志		1		

续表

类别	编号	具体内容及评分标准	关键项	分值	得分	合计
结构布局8分	9	办公区、生活区、生产区、粪污处理区和无害化处理区应严格分开，界限分明；生产区距离其他功能区 50 m 以上或通过物理屏障有效隔离		2		
	10	场内净道与污道应分开，如存在部分交叉，应有规定使用时间和科学有效的消毒措施等		2		
栏舍设置6分	11	生产区有基础母牛舍、后备母牛舍、育成牛舍和犊牛舍，各栋舍之间距离 5 m 以上或有隔离设施		1		
	12	应有独立的后备牛专用舍或隔离栏舍，用于选种或引种过程中牛只隔离		1		
	13	应有与生产区间隔 300 m 以上或通过物理屏障有效隔离的病牛专用隔离治疗舍		1		
	14	应有装牛台和预售牛观察设施		1		
	15	有独立产房，配置产圈或产栏，面积 16 m^2/头以上		1		
	16	牛舍通风、换气和温控等设施运转良好		1		
卫生环保8分	17	场区应无杂物堆放		1		
	18	生产区具备防鼠、防虫媒、防犬猫进入的设施或措施		1		
	19	场区禁养其他动物，并应有防止周围其他动物进入场区的设施或措施		1		
	20	应有固定的牛粪贮存、堆放设施设备和场所，存放地点有防雨、防渗漏、防溢流措施		2		
	21	牛舍废污排放应符合环保要求		1		
	22	水质检测应符合人畜饮水卫生标准		1		
	23	应具有县级以上环保行政主管部门的环评验收报告或许可		1		
无害化处理8分	24	应有粪污无害化处理制度，场区内应有与生产规模相匹配的粪污处理设施设备，宜采用堆肥发酵方式对粪污进行无害化处理，处理结果应符合 NY/T1168 要求		3		
	25	应有病死牛及流产物无害化处理制度，无害化处理措施见《病死及病害动物无害化处理技术规范》		2		
	26	有病死牛隔离、淘汰、诊疗、无害化处理等相关记录		2		
	27	病死牛无害化处理设施或措施应运转有效并符合生物安全要求		1		

续表

类别	编号	具体内容及评分标准	关键项	分值	得分	合计
消毒管理12分	28	场区入口应设置车辆消毒池、覆盖全车的消毒设施以及人员消毒设施		2		
	29	应有车辆及人员出入场区消毒及管理制度和岗位操作规程，并对车辆及人员出入和消毒情况进行记录		2		
	30	生活区、生产区入口应设置人员消毒、淋浴、更衣设施，消毒、淋浴、更衣室布局科学合理		1		
	31	有本场职工、外来人员进入生产区消毒及管理制度，有出入登记制度，对人员出入和消毒情况进行记录		2		
	32	栋舍、生产区内部应消毒设施设备齐全，运行良好；有定期消毒措施，有消毒制度和岗位操作规程，对栋舍、生产区内部消毒情况进行记录		2		
	33	应有消毒液配制和管理制度，有消毒液配制及更换记录		2		
	34	应开展消毒效果评估，并有近一年评估记录		1		
生产管理9分	35	应制定投入品（含饲料、兽药、生物制品）使用管理制度，有投入品使用记录		2		
	36	应将投入品分类分开储藏，标识清晰		2		
	37	应有生长记录、发病治疗淘汰记录、日饲料消耗记录和饲料添加剂使用记录		1		
	38	应有健康巡查制度及记录		2		
	39	年流产率应不高于 5%		1		
	40	应有种牛饲养管理、卫生保健技术规程		1		
防疫管理12分	41	应建立适合本场的卫生防疫制度和针对特定动物疫病、符合本场实际的突发传染病应急预案		2		
	42	应有独立兽医室，兽医室具备正常开展临床诊疗、采样、高压灭菌、消毒等设施，有兽医诊疗与用药记录		2		
	43	病死动物剖检场所应符合生物安全要求，有完整的病死动物剖检记录及剖检场所消毒记录		1		
	44	应有口蹄疫、布鲁氏菌病、牛结核病防控技术规程，及蹄病等普通多发病治疗和处理方案		2		
	45	对流产牛及时隔离并进行布鲁氏菌病检测，检测记录完整		1		
	46	应有动物发病记录、阶段性疫病流行记录和符合本场实际并具有防控指导意义的定期牛群健康状态分析总结		2		
	47	应有免疫制度、计划、程序和记录		2		

续表

类别	编号	具体内容及评分标准	关键项	分值	得分	合计
种源管理12分	48	应有引种管理制度和引种记录		2		
	49	应有引种隔离管理制度和引种隔离观察记录		2		
	50	引入种牛、精液、胚胎，应有动物检疫合格证明、种畜禽合格证、系谱证		1		
	51	引入种牛应有隔离观察记录		1		
	52	国外引进种牛、精液、胚胎，应有国务院农业农村或畜牧兽医行政主管部门签发的审批意见及海关相关部门出具的检测报告		1		
	53	留用精液/供体牛应有牛口蹄疫、布鲁氏菌病、牛结核病病原或感染抗体检测报告且结果为阴性	*	3		
	54	应有近3年完整的种牛销售记录		1		
	55	本场供给种牛、精液、胚胎应有牛口蹄疫、布鲁氏菌病、牛结核病病原或感染抗体检测报告且结果为阴性		1		
监测净化13分	56	应有符合本场实际且科学合理的口蹄疫、布鲁氏菌病、牛结核病年度（或更短周期）等监测净化方案、监测报告和记录	*	3		
	57	应根据监测净化方案开展疫病净化，检测、淘汰记录能追溯到相关动物的唯一性标识（如耳标号）	*	3		
	58	应有3年以上的净化工作实施记录，保存3年以上	*	3		
	59	应有定期净化效果评估和分析报告（生产性能、流产率、病死率、阳性率、用药投入、提高的直接经济效益等）		2		
	60	实际检测数量应与应检测数量基本一致，检测试剂购置数量或委托检测凭证应与检测量相符		2		
场群健康7分	应具有近一年内有资质的兽医实验室检验检测报告（每次抽检数不少于30头）并且结果符合：					
	61	布鲁氏菌病净化场：符合净化标准；其他病种净化场：布鲁氏菌病阳性检出率≤0.5%，近两年内无布鲁氏菌病临床病例	*	1/5#		
	62	结核病净化场：符合净化标准；其他病种净化场：结核病阳性检出率≤0.5%，近两年内无结核病临床病例	*	1/5#		
	63	口蹄疫净化场：符合净化标准；其他病种净化场：口蹄疫免疫抗体合格率≥80%，近两年内无口蹄疫临床病例	*	1/5#		
总分				100		

注：# 申报评估的病种该项分值为5分，其余病种为1分。

2　奶牛场布鲁氏菌病净化标准

2.1　净化标准

同时满足以下要求，视为达到净化标准：

（1）奶牛群抽检，布鲁氏菌抗体检测阴性；

（2）连续两年以上无临床病例；

（3）现场综合审查通过。

2.2　抽样检测方法

净化评估专家负责设计抽样方案并监督抽样，所在地各级动物疫病预防控制机构配合完成。

表 2　净化评估实验室检测方法

检测项目	检测方法	抽样种群	抽样数量	样本类型
抗体检测	虎红平板凝集试验初筛（或 iELISA 试验初筛）及试管凝集试验确诊（或 cELISA 试验确诊）	成年牛	按照证明无疫公式计算（CL=95%，P=3%）；随机抽样，覆盖不同栋舍牛群	血清

2.3　现场综合审查

2.3.1　国家级动物疫病净化场现场综合审查

依据 2.3.3 开展现场综合审查并打分。必备条件全部满足，总分不低于 90 分，且关键项（* 项）全部满分，为国家级动物疫病净化场现场综合审查通过。

2.3.2　省级动物疫病净化场现场综合审查

依据 2.3.3 开展现场综合审查并打分。必备条件全部满足，总分不低于 80 分，且关键项（* 项）全部满分，为省级动物疫病净化场现场综合审查通过。

2.3.3 奶牛场主要疫病净化现场审查评分表

类别	编号	具体内容及评分标准	关键项	分值	得分	合计
必备条件	Ⅰ	土地使用应符合相关法律法规与区域内土地使用规划，场址选择应符合《中华人民共和国畜牧法》和《中华人民共和国动物防疫法》有关规定		必备条件		
	Ⅱ	应具有县级以上畜牧兽医主管部门备案登记证明，并按照农业农村部《畜禽标识和养殖档案管理办法》要求，建立养殖档案				
	Ⅲ	应具有县级以上畜牧兽医主管部门颁发的《动物防疫条件合格证》，两年内无重大疫病和产品质量安全事件发生记录				
	Ⅳ	应有病死动物和粪污无害化处理设施设备，或有效措施				
	Ⅴ	奶牛存栏 500 头以上				
人员管理 5分	1	应建立净化工作团队，并有名单和明确责任分工等证明材料，应有员工管理制度		1		
	2	全面负责疫病防治工作的技术负责人应具有畜牧兽医相关专业本科以上学历或中级以上职称，从事养牛业三年以上		1		
	3	应有员工疫病防治培训制度和培训计划，有员工培训考核记录		1		
	4	养殖场从业人员应有（布鲁氏菌病、结核病）健康证明		1		
	5	本场专职兽医技术人员至少 1 名获得《执业兽医师资格证书》，并有专职证明性材料（如社保或工资发放证明等）		1		
结构布局 8分	6	场区位置独立，与主要交通干道、居民生活区、生活饮用水源地、屠宰厂（场）、交易市场距离要求见《动物防疫条件审查办法》		1		
	7	场区周围应有围墙、防风林、灌木、防疫沟或其他物理屏障等隔离设施或措施		1		
	8	养殖场明显位置应有防疫警示标语、警示标牌等防疫标志		1		
	9	办公区、生活区、生产区、粪污处理区和无害化处理区应严格分开，界限分明；生产区距离其他功能区 50 m 以上或通过物理屏障有效隔离		2		
	10	应有独立的挤奶厅或自动化挤奶设施设备		2		
	11	场内净道与污道应分开，如存在部分交叉，应有规定使用时间和科学有效的消毒措施等		1		

续表

类别	编号	具体内容及评分标准	关键项	分值	得分	合计
栏舍设置6分	12	生产区有犊牛舍、育成（青年）牛舍、泌乳牛舍、干奶牛舍，各栋舍之间距离5 m以上或有隔离设施		1		
	13	犊牛舍设置合理，出生至断奶前犊牛宜采用犊牛岛饲养		1		
	14	应有独立的后备牛专用舍或隔离栏舍，用于选种或引种过程中牛只隔离		1		
	15	应有与生产区间隔300 m以上或通过物理屏障有效隔离的病牛专用隔离治疗舍		1		
	16	有独立产房，配置产圈或产栏，面积16 m^2/头以上		1		
	17	牛舍通风、换气和温控等设施运转良好		1		
卫生环保8分	18	场区应无杂物堆放		1		
	19	生产区具备防鼠、防虫媒、防犬猫进入的设施或措施		2		
	20	场区禁养其他动物，并应有防止周围其他动物进入场区的设施或措施		1		
	21	应有固定的牛粪贮存、堆放设施设备和场所，存放地点有防雨、防渗漏、防溢流措施		1		
	22	牛舍废污排放应符合环保要求		1		
	23	水质检测应符合人畜饮水卫生标准		1		
	24	应具有县级以上环保行政主管部门的环评验收报告或许可		1		
无害化处理8分	25	应有粪污无害化处理制度，场区内应有与生产规模相匹配的粪污处理设施设备，宜采用堆肥发酵方式对粪污进行无害化处理，处理结果应符合NY/T1168要求		3		
	26	应有病死牛及流产物无害化处理制度，无害化处理措施见《病死及病害动物无害化处理技术规范》		2		
	27	有病死奶牛隔离、淘汰、诊疗、无害化处理等相关记录		2		
	28	病死牛无害化处理设施或措施应运转有效并符合生物安全要求		1		
消毒管理12分	29	场区入口应设置车辆消毒池、覆盖全车的消毒设施以及人员消毒设施		2		
	30	应有车辆及人员出入场区消毒及管理制度和岗位操作规程，并对车辆及人员出入和消毒情况进行记录		2		

续表

类别	编号	具体内容及评分标准	关键项	分值	得分	合计
消毒管理12分	31	生活区、生产区入口应设置人员消毒、淋浴、更衣设施，消毒、淋浴、更衣室布局科学合理		1		
	32	有本场职工、外来人员进入生产区消毒及管理制度，有出入登记制度，对人员出入和消毒情况进行记录		2		
	33	栋舍、生产区内部应消毒设施设备齐全，运行良好；有定期消毒措施，有消毒制度和岗位操作规程，对栋舍、生产区内部消毒情况进行记录		2		
	34	应有消毒液配制和管理制度，有消毒液配制及更换记录		2		
	35	应开展消毒效果评估，并有近一年评估记录		1		
生产管理9分	36	应制定投入品（含饲料、兽药、生物制品）使用管理制度，有投入品使用记录		1		
	37	应将投入品分类分开储藏，标识清晰		1		
	38	应有生长记录、发病治疗淘汰记录、日饲料消耗记录和饲料添加剂使用记录		1		
	39	应有健康巡查制度及记录		2		
	40	年流产率应不高于5%		1		
	41	应开展DHI生产性能测定，结果符合要求		1		
	42	应有奶牛饲养管理、卫生保健技术规程		1		
	43	应有挤奶操作制度，有完整的生鲜乳卫生检测记录		1		
防疫管理12分	44	应建立适合本场的卫生防疫制度和针对特定动物疫病、符合本场实际的突发传染病应急预案		2		
	45	应有独立兽医室，兽医室具备正常开展临床诊疗、采样、高压灭菌、消毒等设施，有兽医诊疗与用药记录		2		
	46	病死动物剖检场所应符合生物安全要求，有完整的病死动物剖检记录及剖检场所消毒记录		1		
	47	应有口蹄疫、布鲁氏菌病、牛结核病防控技术规程，及普通多发病如乳房炎、蹄病等治疗和处理方案		1		
	48	应有非正常生鲜乳处理规定和处理记录，有抗生素使用隔离、解除制度和记录		2		
	49	对流产牛及时隔离并进行布鲁氏菌病检测，检测记录完整		1		

续表

类别	编号	具体内容及评分标准	关键项	分值	得分	合计
防疫管理12分	50	应有动物发病记录、阶段性疫病流行记录和符合本场实际并具有防控指导意义的定期牛群健康状态分析总结		2		
	51	应有免疫制度、计划、程序和记录		1		
种源管理12分	52	应有引种管理制度和引种记录		1		
	53	应有引种隔离管理制度和引种隔离观察记录		2		
	54	引入奶牛、精液、胚胎，应有动物检疫合格证明、系谱证		2		
	55	引入奶牛应有隔离观察记录		1		
	56	国外引进奶牛、精液、胚胎，应有国务院农业农村或畜牧兽医行政主管部门签发的审批意见及海关相关部门出具的检测报告		1		
	57	留用精液/供体牛应有牛口蹄疫、布鲁氏菌病、牛结核病病原或感染抗体检测报告且结果为阴性	*	1		
	58	应有近3年完整的奶牛销售记录		3		
	59	本场供给奶牛、精液、胚胎应有牛口蹄疫、布鲁氏菌病、牛结核病病原或感染抗体检测报告且结果为阴性		1		
监测净化13分	60	应有符合本场实际且科学合理的口蹄疫、布鲁氏菌病、牛结核病等年度（或更短周期）监测净化方案、监测报告和记录	*	3		
	61	应根据监测净化方案开展疫病净化，检测、淘汰记录能追溯到相关动物的唯一性标识（如耳标号）	*	3		
	62	应有3年以上的净化工作实施记录，保存3年以上	*	3		
	63	应有定期净化效果评估和分析报告（生产性能、流产率、阳性率、用药投入、提高的直接经济效益等）		2		
	64	实际检测数量应与应检测数量基本一致，检测试剂购置数量或委托检测凭证应与检测量相符		2		
场群健康7分	应具有近一年内有资质的兽医实验室检验检测报告（每次抽检数不少于30头）并且结果符合：					
	65	布鲁氏菌病净化场：符合净化标准；其他病种净化场：布鲁氏菌病阳性检出率≤0.5%，近两年内无布鲁氏菌病临床病例	*	1/5#		

续表

类别	编号	具体内容及评分标准	关键项	分值	得分	合计
场群健康7分	66	结核病净化场：符合净化标准；其他病种净化场：结核病阳性检出率≤0.5%，近两年内无结核病临床病例	*	1/5#		
	67	口蹄疫净化场：符合净化标准；其他病种净化场：口蹄疫免疫抗体合格率≥80%，近两年内无口蹄疫临床病例	*	1/5#		
总分				100		

注：# 申报评估的病种该项分值为 5 分，其余病种为 1 分。

3 种羊场布鲁氏菌病净化标准

3.1 净化标准

同时满足以下要求，视为达到净化标准：

（1）种羊群抽检，布鲁氏菌抗体检测阴性；

（2）连续两年以上无临床病例；

（3）现场综合审查通过。

3.2 抽样检测方法

净化评估专家负责设计抽样方案并监督抽样，所在地各级动物疫病预防控制机构配合完成。

表3　净化评估实验室检测方法

检测项目	检测方法	抽样种群	抽样数量	样本类型
抗体检测	虎红平板凝集试验初筛（或 iELISA 试验初筛）及试管凝集试验确诊（或 cELISA 试验确诊）	种羊	按照证明无疫公式计算（CL=95%，P=3%）；随机抽样，覆盖不同栋舍羊群	血清

3.3 现场综合审查

3.3.1 国家级动物疫病净化场现场综合审查

依据 3.3.3 开展现场综合审查并打分。必备条件全部满足，总分不低于 90 分，且关键项（* 项）全部满分，为国家级动物疫病净化场现场综合审查通过。

3.3.2 省级动物疫病净化场现场综合审查

依据 3.3.3 开展现场综合审查并打分。必备条件全部满足，总分不低于 80 分，且关键项（* 项）全部满分，为省级动物疫病净化场现场综合审查通过。

3.3.3 种羊场主要疫病净化现场审查评分表

类别	编号	具体内容及评分标准	关键项	分值	得分	合计
必备条件	Ⅰ	土地使用应符合相关法律法规与区域内土地使用规划，场址选择应符合《中华人民共和国畜牧法》和《中华人民共和国动物防疫法》有关规定		必备条件		
	Ⅱ	应具有县级以上畜牧兽医主管部门备案登记证明，并按照农业农村部《畜禽标识和养殖档案管理办法》要求，建立养殖档案				
	Ⅲ	应具有县级以上畜牧兽医主管部门颁发的《动物防疫条件合格证》，两年内无重大疫病和产品质量安全事件发生记录				
	Ⅳ	种畜禽养殖企业应具有县级以上畜牧兽医主管部门颁发的《种畜禽生产经营许可证》				
	Ⅴ	应有病死动物和粪污无害化处理设施设备，或有效措施				
	Ⅵ	种羊场存栏 500 只以上（地方保种场除外）				
人员管理 5 分	1	应建立净化工作团队，并有名单和明确的责任分工等证明材料，有员工管理制度		1		
	2	全面负责疫病防治工作的技术负责人应从事养羊业三年以上		1		
	3	应有员工疫病防治培训制度和培训计划，有员工培训考核记录		1		
	4	养殖场从业人员应有（有关布鲁氏菌病）健康证明		1		
	5	本场专职兽医技术人员至少 1 名获得《执业兽医师资格证书》，并有专职证明材料（如社保或工资发放证明等）		1		
结构布局 8 分	6	场区位置独立，与主要交通干道、居民生活区、生活饮用水源地、屠宰厂（场）、交易市场隔离距离要求见《动物防疫条件审查办法》		1		
	7	场区周围应有围墙、防风林、灌木、防疫沟或其他物理屏障等隔离设施或措施		1		
	8	养殖场明显位置应有防疫警示标语、警示标牌等防疫标志		1		

续表

类别	编号	具体内容及评分标准	关键项	分值	得分	合计
结构布局8分	9	办公区、生活区、生产区、粪污处理区和无害化处理区应严格分开，界限分明；生产区距离其他功能区 50 m 以上或通过物理屏障有效隔离		2		
	10	生产区内种羊、母羊、羔羊、育成（育肥）羊应分开饲养或有相应羊舍		2		
	11	场内净道与污道应分开，如存在部分交叉，应有规定使用时间和科学有效的消毒措施等		1		
栏舍设置8分	12	应有封闭式、半开放式或开放式羊舍		1		
	13	羊舍内有专用饲槽，牧区羊场应设有围栏，并有防鼠害及其他野生动物装置		1		
	14	羊舍内宜有通风、换气和温控等设施设备		1		
	15	应有独立的后备羊专用舍或隔离栏舍		1		
	16	有与生产区间隔 300 m 以上或通过物理屏障有效隔离的病羊专用隔离治疗舍		1		
	17	有预售种羊观察舍或称重装置、装（卸）平台等设施		1		
	18	应有专用分娩舍或栋舍内有专用分娩栏		1		
	19	应有与养殖规模相适应的青贮设施及设备和干草棚		1		
卫生环保8分	20	场区应无垃圾及杂物堆放		1		
	21	生产区应具备防鼠、防虫媒、防犬猫进入的设施或措施		2		
	22	场区禁养其他动物，并应有防止周围其他动物进入场区的设施措施		1		
	23	应有固定的羊粪贮存、堆放设施设备和场所，存放地点有防雨、防渗漏、防溢流措施		2		
	24	水质检测应符合人畜饮水卫生标准		1		
	25	应具有县级以上环保行政主管部门的环评验收报告或许可		1		
无害化处理8分	26	应有粪污无害化处理制度，场区内应有与生产规模相匹配的粪污处理设施设备，宜采用堆肥发酵方式对粪污进行无害化处理，处理结果应符合 NY/T1168 要求		1		
	27	应有病死羊无害化处理制度，无害化处理措施见《病死及病害动物无害化处理技术规范》		1		

续表

类别	编号	具体内容及评分标准	关键项	分值	得分	合计
无害化处理8分	28	病死羊无害化处理设施或措施应运转有效并符合生物安全要求		1		
	29	有病死羊隔离、淘汰、诊疗、无害化处理等相关记录		1		
	30	应按《布鲁氏菌病防治技术规范》等规定处置监测到的阳性动物并进行记录		2		
	31	应对流产物实施无害化处理并记录		2		
消毒管理12分	32	场区入口应设置车辆消毒池、覆盖全车的消毒设施以及人员消毒设施		2		
	33	有车辆及人员出入场区消毒及管理制度和岗位操作规程，并对车辆及人员出入和消毒情况进行记录		2		
	34	生活区、生产区入口应设置人员消毒、淋浴、更衣设施，消毒、淋浴、更衣室布局科学合理		1		
	35	有本场职工、外来人员进入生产区消毒及管理制度，有出入登记制度，对人员出入和消毒情况进行记录		2		
	36	每栋羊舍（棚圈）应设置消毒器材或设施，人员进入羊舍前应执行良好		1		
	37	栋舍、生产区内部有定期消毒措施，有消毒制度和岗位操作规程，对栋舍、生产区内部消毒情况进行记录		1		
	38	有羊只分娩后消毒措施		1		
	39	应有消毒液配制和管理制度，有消毒液配制及更换记录		1		
	40	应开展消毒效果评估，并有近一年评估记录		1		
生产管理9分	41	应制定投入品（含饲料、兽药、生物制品）使用管理制度，应有投入品使用记录		2		
	42	应有饲料库		1		
	43	应有生长记录、发病治疗淘汰记录、日饲料消耗记录和饲料添加剂使用记录		2		
	44	应有健康巡查制度及记录		2		
	45	年流产率应不高于5%		2		
防疫管理12分	46	应建立适合本场的卫生防疫制度和针对特定动物疫病、符合本场实际的突发传染病应急预案		2		
	47	应有配套的兽医室，兽医室具备正常开展临床诊疗、采样、高压灭菌、消毒等设施		2		

续表

类别	编号	具体内容及评分标准	关键项	分值	得分	合计
防疫管理12分	48	应有兽医诊疗与用药记录		1		
	49	应有预防、治疗羊常见病的规程或方案		1		
	50	病死动物剖检场所应符合生物安全要求，有完整的病死动物剖检记录及剖检场所消毒记录		1		
	51	应对流产羊进行隔离并开展布鲁氏菌病检测		2		
	52	应有动物发病记录、阶段性疫病流行记录和符合本场实际并具有防控指导意义的定期羊群健康状态分析总结		2		
	53	应有免疫制度、计划、程序和记录		1		
种源管理12分	54	应有引种管理制度和引种记录		2		
	55	应有引种隔离管理制度和引种隔离观察记录		2		
	56	国内引种应来源于有《种畜禽生产经营许可证》的种羊场；国外引进种羊或精液应有国务院农业农村或牧兽医行政主管部门签发的审批意见及海关相关部门出具的检测报告		2		
	57	引种种羊、精液或胚胎应具有种畜禽合格证、动物检疫合格证明、种羊系谱证		1		
	58	留用种羊/精液应有羊口蹄疫、小反刍兽疫、布鲁氏菌病病原或感染抗体检测报告且结果为阴性	*	3		
	59	有近3年完整的种羊销售记录		1		
	60	本场销售种羊、胚胎或精液应有羊口蹄疫、小反刍兽疫、布鲁氏菌病抽检记录，并附具《动物检疫合格证明》		1		
监测净化12分	61	应有符合本场实际且科学合理的口蹄疫、布鲁氏菌病等年度（或更短周期）监测净化方案、监测报告和记录		2		
	62	应根据监测净化方案开展疫病净化，检测、淘汰记录能追溯到种羊及后备羊群的唯一性标识（如耳标号）	*	3		
	63	有3年以上的净化工作实施记录，记录保存3年以上	*	3		
	64	应有定期净化效果评估和分析报告（生产性能、发病率、阳性率等）		2		
	65	实际检测数量与应检测数量基本一致，检测试剂购置数量或委托检测凭证与检测量相符		2		

续表

类别	编号	具体内容及评分标准	关键项	分值	得分	合计
场群健康6分	应具有近一年内有资质的兽医实验室检验检测报告（每次抽检数不少于30只）并且结果符合：					
	66	布鲁氏菌病净化场：符合净化标准；其他病种净化场：布鲁氏菌病阳性检出率≤0.5%，近两年内无布鲁氏菌病临床病例	*	1/5[#]		
	67	口蹄疫净化场：符合净化标准；其他病种净化场：口蹄疫免疫抗体合格率≥70%，近两年内无口蹄疫临床病例	*	1/5[#]		
总分				100		

注：[#] 申报评估的病种该项分值为5分，其余病种为1分。

4 种公牛站布鲁氏菌病净化标准

4.1 净化标准

同时满足以下要求，视为达到净化标准：

（1）采精公牛、后备公牛抽检，布鲁氏菌抗体检测均为阴性；

（2）连续两年以上无临床病例；

（3）现场综合审查通过。

4.2 抽样检测方法

净化评估专家负责设计抽样方案并监督抽样，所在地各级动物疫病预防控制机构配合完成。

表4 净化评估实验室检测方法

检测项目	检测方法	抽样种群	抽样数量	样本类型
抗体检测	虎红平板凝集试验初筛（或iELISA试验初筛）及试管凝集试验确诊（或cELISA试验确诊）	采精公牛	存栏50头以下，100%采样；存栏50头以上，按照证明无疫公式计算（CL=95%，P=3%）；随机抽样，覆盖不同栋舍牛群	血清
		后备公牛	100%抽样	

4.3 现场综合审查

4.3.1 国家级动物疫病净化场现场综合审查

依据 4.3.3 开展现场综合审查并打分。必备条件全部满足，总分不低于 90 分，且关键项（* 项）全部满分，为国家级动物疫病净化场现场综合审查通过。

4.3.2 省级动物疫病净化场现场综合审查

依据 4.3.3 开展现场综合审查并打分。必备条件全部满足，总分不低于 80 分，且关键项（* 项）全部满分，为省级动物疫病净化场现场综合审查通过。

4.3.3 种公牛站主要疫病净化现场审查评分表

类别	编号	具体内容及评分标准	关键项	分值	得分	合计
必备条件	Ⅰ	土地使用应符合相关法律法规与区域内土地使用规划，场址选择应符合《中华人民共和国畜牧法》和《中华人民共和国动物防疫法》有关规定		必备条件		
	Ⅱ	应具有县级以上畜牧兽医行政主管部门备案登记证明，并按照农业农村部《畜禽标识和养殖档案管理办法》要求，建立养殖档案				
	Ⅲ	应具有县级以上畜牧兽医部门颁发的《动物防疫条件合格证》，两年内无重大疫病和产品质量安全事件发生记录				
	Ⅳ	种畜禽养殖企业应具有省级以上畜牧兽医部门颁发的《种畜禽生产经营许可证》				
	Ⅴ	应有病死动物和粪污无害化处理设施设备或有效措施				
	Ⅵ	存栏采精种用公牛不少于 50 头				
人员管理 5 分	1	应建立净化工作团队，并有名单和明确责任分工等证明材料，应有员工管理制度		1		
	2	全面负责疫病防治工作的技术负责人应具有畜牧兽医相关专业本科以上学历或中级以上职称，从事养牛业三年以上		1		
	3	应有员工疫病防治培训制度和培训计划，有员工培训考核记录		1		
	4	养殖场从业人员应有（布鲁氏菌病、结核病）健康证明		1		
	5	本场专职兽医技术人员至少 1 名获得《执业兽医师资格证书》，并有专职证明性材料（如社保或工资发放证明等）		1		

续表

类别	编号	具体内容及评分标准	关键项	分值	得分	合计
结构布局 8分	6	场区位置独立，与主要交通干道、居民生活区、屠宰厂（场）、交易市场距离要求见《动物防疫条件审查办法》		1		
	7	场区周围应有围墙、防风林、灌木、防疫沟或其他物理屏障等隔离设施或措施		1		
	8	养殖场应有防疫警示标语、警示标牌等防疫标志		1		
	9	办公区、生活区、生产区、生活饮用水源地、粪污处理区和无害化处理区应严格分开，界限分明；生产区距离其他功能区 50 m 以上或通过物理屏障有效隔离		2		
	10	应有独立的采精室、精液制备室和精液销售区，且功能室布局合理，有专用的精液销售区		2		
	11	场内净道与污道应分开，如存在部分交叉，应有规定使用时间和科学有效的消毒措施等		1		
栏舍设置 6分	12	应有独立的后备牛专用舍或隔离栏舍，用于选种或引种过程中牛只隔离，有与生产区间隔 300 m 以上或通过物理屏障有效隔离的病牛专用隔离治疗舍，有装牛台和预售牛观察设施		1		
	13	生产区圈舍布局合理，种牛舍、运动场应设钢管围栏将种公牛隔开；种牛舍及运动场应用围墙与生活区及管理区隔离；种牛运动场内应设置荫棚		1		
	14	牛舍通风、换气和温控等设施应运转良好		1		
	15	采精室和精液制备室应有效隔离，分别有独立的淋浴、更衣室		2		
	16	精液生产室应有控温、通风换气和消毒设施设备		1		
卫生环保 8分	17	场区应无杂物堆放		1		
	18	场区禁养其他动物，并应有效防止周围其他动物进入场区的设施措施		1		
	19	生产区具备有效的防鼠、防虫媒、防犬猫进入的设施或措施		2		
	20	应有固定的牛粪贮存、堆放场所和设施设备，存放地点有防雨、防渗漏、防溢流措施		2		
	21	水质检测应符合人畜饮水卫生标准		1		
	22	应具有县级以上环保行政主管部门的环评验收报告或许可		1		

续表

类别	编号	具体内容及评分标准	关键项	分值	得分	合计
无害化处理 8分	23	应有粪污无害化处理制度，场区内应有与生产规模相匹配的粪污处理设施设备，宜采用堆肥发酵方式对粪污进行无害化处理，处理结果应符合 NY/T1168 要求		2		
	24	应有病死牛无害化处理制度，无害化处理措施见《病死及病害动物无害化处理技术规范》		2		
	25	病死牛无害化处理设施或措施应运转有效并符合生物安全要求		2		
	26	有病死牛隔离、淘汰、诊疗、无害化处理等相关记录		2		
消毒管理 12分	27	场区入口应设置车辆消毒池、覆盖全车的消毒设施以及人员消毒设施		2		
	28	有车辆及人员出入场区消毒及管理制度和岗位操作规程，并对车辆及人员出入和消毒情况进行记录		2		
	29	生活区、生产区入口应设置人员消毒、淋浴、更衣设施，消毒、淋浴、更衣室布局科学合理		1		
	30	有本场职工、外来人员进入生产区消毒及管理制度，有出入登记制度，对人员出入和消毒情况进行记录		2		
	31	栋舍、生产区内部有定期消毒措施，有消毒制度和岗位操作规程，对栋舍、生产区内部消毒情况进行记录		2		
	32	采精各功能室及生产用器具应定期消毒，有消毒记录		1		
	33	应有消毒液配制和管理制度，有消毒液配制及更换记录		1		
	34	应开展消毒效果评估，并有近一年评估记录		1		
生产管理 9分	35	应制定投入品（含饲料、兽药、生物制品）使用管理制度，应有投入品使用记录		2		
	36	应将投入品分类分开储藏，标识清晰		1		
	37	应有精液生产技术规程、精液质量检测技术规程和种公牛饲养管理技术规程，有完整执行记录		2		
	38	精液采集、传递、配制、储存等各生产环节符合 GB/T4143 的要求；计量器具应通过检定合格或校准		3		
	39	应有健康巡查制度及记录		1		

续表

类别	编号	具体内容及评分标准	关键项	分值	得分	合计
防疫管理12分	40	应建立适合本站的卫生防疫制度和针对特定动物疫病、符合本场实际的突发传染病应急预案		2		
	41	应有独立兽医室，兽医室具备正常开展临床诊疗、采样、高压灭菌、消毒等设施，有兽医诊疗与用药记录		2		
	42	应有常见疫病防治规程或方案		2		
	43	应有动物发病记录、阶段性疫病流行记录和符合本场实际并具有防控指导意义的定期牛群健康状态分析总结		2		
	44	应有病死牛死亡原因分析		2		
	45	应有免疫制度、计划、程序和记录		2		
种源管理12分	46	应有引种管理制度和引种记录		2		
	47	应有引种隔离管理制度和引种隔离记录		2		
	48	国内购进种公牛、精液、胚胎，应来源于有《种畜禽生产经营许可证》的单位，国外进口的种牛、胚胎或精液应有国务院农业农村或畜牧兽医行政主管部门签发的审批意见及海关相关部门出具的检测报告		2		
	49	引入种牛应有牛口蹄疫、布鲁氏菌病、牛结核病病原或感染抗体检测报告且结果为阴性	*	3		
	50	应有3年以上的精液及种牛销售记录		1		
	51	本场供给种牛/精液应有牛口蹄疫、布鲁氏菌病、牛结核病病原或感染抗体检测报告且结果为阴性		2		
监测净化13分	52	应有符合本场实际且科学合理的口蹄疫、布鲁氏菌病、牛结核病等年度（或更短周期）监测净化方案、监测报告和记录	*	6		
	53	应根据监测净化方案开展疫病净化，检测、淘汰记录能追溯到相关动物的唯一性标识（如耳标号）	*	4		
	54	应有检测试剂购置、委托检验凭证或其他与检验报告相符的证明材料，实际检测数量与应检测数量基本一致		3		
场群健康7分	应具有近三年内有资质的兽医实验室检验检测报告（每次抽检数不少于30头）并且结果符合：					

续表

类别	编号	具体内容及评分标准	关键项	分值	得分	合计
场群健康7分	55	布鲁氏菌病净化场：符合净化标准；其他病种净化场：布鲁氏菌病阳性检出率≤0.5%，近两年内无布鲁氏菌病临床病例	*	1/5#		
	56	结核病净化场：符合净化标准；其他病种净化场：结核病阳性检出率≤0.5%，近两年内无结核病临床病例	*	1/5#		
	57	口蹄疫净化场：符合净化标准；其他病种净化场：口蹄疫免疫抗体合格率≥80%，近两年内无口蹄疫临床病例	*	1/5#		
总分				100		

注：# 申报评估的病种该项分值为 5 分，其余病种为 1 分。

5 规模牛场布鲁氏菌净化标准

5.1 净化标准

同时满足以下要求，视为达到净化/免疫净化标准：

(1) 非免疫场各类种群布鲁氏菌抗体检测阴性，免疫场成年牛布鲁氏菌抗体检测阴性；

(2) 连续两年以上无临床病例；

(3) 现场综合审查通过。

5.2 抽样检测方法

净化评估专家负责设计抽样方案并监督抽样，所在地各级动物疫病预防控制机构配合完成。

表 5 净化评估实验室检测方法

检测项目	检测方法	抽样种群	抽样数量	样本类型
抗体检测	虎红平板凝集试验初筛（或 iELISA 试验初筛）及试管凝集试验确诊（或 cELISA 试验确诊）	非免疫场各类种群/免疫场成年牛	按照证明无疫公式计算（CL=95%，P=3%）；随机抽样，覆盖不同栋舍牛群	血清

5.3 现场综合审查

5.3.1 国家级动物疫病净化场现场综合审查

依据 5.3.3 开展现场综合审查并打分。必备条件全部满足，总分不低于 90 分，且关键项（* 项）全部满分，为国家级动物疫病净化场现场综合审查通过。

5.3.2 省级动物疫病净化场现场综合审查

依据 5.3.3 开展现场综合审查并打分。必备条件全部满足，总分不低于 80 分，且关键项（* 项）全部满分，为省级动物疫病净化场现场综合审查通过。

5.3.3 规模牛场主要疫病净化现场审查评分表

类别	编号	具体内容及评分标准	关键项	分值	得分	合计
必备条件	Ⅰ	土地使用应符合相关法律法规与区域内土地使用规划，场址选择应符合《中华人民共和国畜牧法》和《中华人民共和国动物防疫法》有关规定		必备条件		
	Ⅱ	应具有县级以上畜牧兽医主管部门备案登记证明，并按照农业农村部《畜禽标识和养殖档案管理办法》要求，建立养殖档案				
	Ⅲ	应具有县级以上畜牧兽医主管部门颁发的《动物防疫条件合格证》，两年内无重大疫病和产品质量安全事件发生记录				
	Ⅳ	应有病死动物和粪污无害化处理设施设备，或有效措施				
	Ⅴ	肉牛存栏 500 头以上				
人员管理 5 分	1	应建立净化工作团队，并有名单和明确责任分工等证明材料，应有员工管理制度		1		
	2	全面负责疫病防治工作的技术负责人应具有畜牧兽医相关专业本科以上学历或中级以上职称，从事养牛业三年以上		1		
	3	应有员工疫病防治培训制度和培训计划，有员工培训考核记录		1		
	4	养殖场从业人员应有（布鲁氏菌病、结核病）健康证明		1		
	5	本场专职兽医技术人员至少 1 名获得《执业兽医师资格证书》，并有专职证明性材料（如社保或工资发放证明等）		1		

续表

类别	编号	具体内容及评分标准	关键项	分值	得分	合计
结构布局8分	6	场区位置独立，与主要交通干道、居民生活区、生活饮用水源地、屠宰厂（场）、交易市场距离要求见《动物防疫条件审查办法》		2		
	7	场区周围应有围墙、防风林、灌木、防疫沟或其他物理屏障等隔离设施或措施		1		
	8	养殖场明显位置应有防疫警示标语、警示标牌等防疫标志		1		
	9	办公区、生活区、生产区、粪污处理区和无害化处理区应严格分开，界限分明；生产区距离其他功能区 50 m 以上或通过物理屏障有效隔离		2		
	10	场内净道与污道应分开，如存在部分交叉，应有规定使用时间和科学有效的消毒措施等		2		
栏舍设置6分	11	生产区各栋舍之间距离 5 m 以上或有隔离设施		2		
	12	应有独立的引种隔离舍		1		
	13	应有与生产区间隔 300 m 以上或通过物理屏障有效隔离的病牛专用隔离治疗舍		1		
	14	应有称重装置、装（卸）平台等设施		1		
	15	牛舍通风、换气和温控等设施运转良好		1		
卫生环保8分	16	场区应无杂物堆放		1		
	17	生产区具备防鼠、防虫媒、防犬猫进入的设施或措施		1		
	18	场区禁养其他动物，并应有防止周围其他动物进入场区的设施或措施		1		
	19	应有固定的牛粪贮存、堆放设施设备和场所，存放地点有防雨、防渗漏、防溢流措施		2		
	20	牛舍废污排放应符合环保要求		1		
	21	水质检测应符合人畜饮水卫生标准		1		
	22	应具有县级以上环保行政主管部门的环评验收报告或许可		1		
无害化处理8分	23	应有粪污无害化处理制度，场区内应有与生产规模相匹配的粪污处理设施设备，宜采用堆肥发酵方式对粪污进行无害化处理，处理结果应符合 NY/T1168 要求		3		
	24	应有病死牛及流产物无害化处理制度，无害化处理措施见《病死及病害动物无害化处理技术规范》		2		

续表

类别	编号	具体内容及评分标准	关键项	分值	得分	合计
无害化处理 8 分	25	有病死牛隔离、淘汰、诊疗、无害化处理等相关记录		2		
	26	病死牛无害化处理设施或措施应运转有效并符合生物安全要求		1		
消毒管理 12 分	27	场区入口应设置车辆消毒池、覆盖全车的消毒设施以及人员消毒设施		2		
	28	应有车辆及人员出入场区消毒及管理制度和岗位操作规程，并对车辆及人员出入和消毒情况进行记录		2		
	29	生活区、生产区入口应设置人员消毒、更衣设施，消毒、淋浴、更衣室布局科学合理		2		
	30	有本场职工、外来人员进入生产区消毒及管理制度，有出入登记制度，对人员出入和消毒情况进行记录		2		
	31	栋舍、生产区内部应消毒设施设备齐全，运行良好；有定期消毒措施，有消毒制度和岗位操作规程，对栋舍、生产区内部消毒情况进行记录		2		
	32	应有消毒液配制和管理制度，有消毒液配制及更换记录		2		
生产管理 9 分	33	应制定投入品（含饲料、兽药、生物制品）使用管理制度，有投入品使用记录		2		
	34	应将投入品分类分开储藏，标识清晰		2		
	35	应有生长记录、发病治疗淘汰记录、日饲料消耗记录和饲料添加剂使用记录		2		
	36	应有健康巡查制度及记录		2		
	37	应有牛饲养管理、卫生保健技术规程		1		
防疫管理 12 分	38	应建立适合本场的卫生防疫制度和针对特定动物疫病、符合本场实际的突发传染病应急预案		2		
	39	应有独立兽医室，兽医室具备正常开展临床诊疗、采样、高压灭菌、消毒等设施，有兽医诊疗与用药记录		2		
	40	病死动物剖检场所应符合生物安全要求，有完整的病死动物剖检记录及剖检场所消毒记录		1		
	41	应有口蹄疫、布鲁氏菌病、牛结核病防控技术规程，及蹄病等普通多发病治疗和处理方案		2		
	42	对流产牛及时隔离并进行布鲁氏菌病检测，检测记录完整		1		

续表

类别	编号	具体内容及评分标准	关键项	分值	得分	合计
防疫管理12分	43	应有动物发病记录、阶段性疫病流行记录和符合本场实际并具有防控指导意义的定期牛群健康状态分析总结		2		
	44	应有免疫制度、计划、程序和记录		2		
调入管理12分	45	如需调入商品代肉牛，应来自相同净化病种的国家级/省级动物疫病净化场	*	2		
	46	应有调入、隔离管理制度和调入、隔离观察记录		2		
	47	调入种牛应具有动物检疫合格证明和种畜禽合格证		1		
	48	国外调入种牛、精液，应有国务院农业农村或畜牧兽医行政主管部门签发的审批意见及海关相关部门出具的检测报告		1		
	49	留用精液/供体牛应有牛口蹄疫、布鲁氏菌病、牛结核病病原或感染抗体检测报告且结果为阴性	*	2		
	50	应有近 2 年完整的商品牛/淘汰种牛销售记录		1		
	51	本场供给商品牛应有牛口蹄疫、布鲁氏菌病、牛结核病病原或感染抗体抽检报告且结果为阴性		3		
监测净化13分	52	应有符合本场实际且科学合理的口蹄疫、布鲁氏菌病、牛结核病等年度（或更短周期）监测净化方案、监测报告和记录	*	3		
	53	应根据监测净化方案开展疫病净化，检测、淘汰记录能追溯到相关动物的唯一性标识（如耳标号）	*	3		
	54	应有 2 年以上的净化工作实施记录，保存 2 年以上	*	3		
	55	应有定期净化效果评估和分析报告（生产性能、流产率、病死率、阳性率、用药投入、提高的直接经济效益等）		2		
	56	实际检测数量应与应检测数量基本一致，检测试剂购置数量或委托检测凭证应与检测量相符		2		
场群健康7分	应具有近一年内有资质的兽医实验室检验检测报告（每次抽检数不少于 30 头）并且结果符合：					
	57	布鲁氏菌病净化场：符合净化标准；其他病种净化场：布鲁氏菌病阳性检出率≤0.5%，近两年内无布鲁氏菌病临床病例	*	1/5#		
	58	结核病净化场：符合净化标准；其他病种净化场：结核病阳性检出率≤0.5%，近两年内无结核病临床病例	*	1/5#		

续表

类别	编号	具体内容及评分标准	关键项	分值	得分	合计
场群健康7分	59	口蹄疫净化场：符合净化标准；其他病种净化场：口蹄疫免疫抗体合格率≥80%，近两年内无口蹄疫临床病例	*	1/5#		
总分				100		

注：# 申报评估的病种该项分值为5分，其余病种为1分。

6 规模羊场主要疫病净化标准

6.1 净化标准

同时满足以下要求，视为达到净化/免疫净化标准：

（1）非免疫场各类种群布鲁氏菌抗体检测阴性，免疫场成年羊布鲁氏菌抗体检测阴性；

（2）连续两年以上无临床病例；

（3）现场综合审查通过。

6.2 抽样检测方法

净化评估专家负责设计抽样方案并监督抽样，所在地各级动物疫病预防控制机构配合完成。

表6 净化评估实验室检测方法

检测项目	检测方法	抽样种群	抽样数量	样本类型
抗体检测	虎红平板凝集试验初筛（或iELISA试验初筛）及试管凝集试验确诊（或cELISA试验确诊）	非免疫场各类种群/免疫场成年羊	按照证明无疫公式计算（CL=95%，P=3%）；随机抽样，覆盖不同栋舍羊群	血清

6.3 现场综合审查

6.3.1 国家级动物疫病净化场现场综合审查

依据6.3.3开展现场综合审查并打分。必备条件全部满足，总分不低于90分，且关键项（*项）全部满分，为国家级动物疫病净化场现场综合审查通过。

6.3.2 省级动物疫病净化场现场综合审查

依据 6.3.3 开展现场综合审查并打分。必备条件全部满足，总分不低于 80 分，且关键项（* 项）全部满分，为省级动物疫病净化场现场综合审查通过。

6.3.3 规模羊场主要疫病净化现场审查评分表

类别	编号	具体内容及评分标准	关键项	分值	得分	合计
必备条件	Ⅰ	土地使用应符合相关法律法规与区域内土地使用规划，场址选择应符合《中华人民共和国畜牧法》和《中华人民共和国动物防疫法》有关规定		必备条件		
	Ⅱ	应具有县级以上畜牧兽医主管部门备案登记证明，并按照农业农村部《畜禽标识和养殖档案管理办法》要求，建立养殖档案				
	Ⅲ	应具有县级以上畜牧兽医主管部门颁发的《动物防疫条件合格证》，两年内无重大疫病和产品质量安全事件发生记录				
	Ⅳ	应有病死动物和粪污无害化处理设施设备，或有效措施				
	Ⅴ	存栏肉羊 500 只以上				
人员管理 5 分	1	应建立净化工作团队，并有名单和明确的责任分工等证明材料，有员工管理制度		1		
	2	全面负责疫病防治工作的技术负责人应从事养羊业三年以上		1		
	3	应有员工疫病防治培训制度和培训计划，有员工培训考核记录		1		
	4	养殖场从业人员应有（有关布鲁氏菌病）健康证明		1		
	5	本场专职兽医技术人员至少 1 名获得《执业兽医师资格证书》，并有专职证明材料（如社保或工资发放证明等）		1		
结构布局 10 分	6	场区位置独立，与主要交通干道、居民生活区、生活饮用水源地、屠宰厂（场）、交易市场隔离距离要求见《动物防疫条件审查办法》		2		
	7	场区周围应有围墙、防风林、灌木、防疫沟或其他物理屏障等隔离设施或措施		2		
	8	养殖场明显位置应有防疫警示标语、警示标牌等防疫标志		2		
	9	办公区、生活区、生产区、粪污处理区和无害化处理区应严格分开，界限分明；生产区距离其他功能区 50 m 以上或通过物理屏障有效隔离		2		

续表

类别	编号	具体内容及评分标准	关键项	分值	得分	合计
结构布局10分	10	场内净道与污道应分开，如存在部分交叉，应有规定使用时间和科学有效的消毒措施等		2		
栏舍设置9分	11	应有封闭式、半开放式或开放式羊舍		2		
	12	羊舍内有专用饲槽，牧区羊场应设有围栏		2		
	13	羊舍内宜有通风、换气和温控等设施设备		2		
	14	有与生产区间隔 300 m 以上或通过物理屏障有效隔离的病羊专用隔离治疗舍		2		
	15	应有与养殖规模相适应的青贮设施及设备和干草棚		1		
卫生环保7分	16	场区应无垃圾及杂物堆放		1		
	17	生产区应具备防鼠、防虫媒、防犬猫进入的设施或措施		1		
	18	场区禁养其他动物，并应有防止周围其他动物进入场区的设施措施		1		
	19	应有固定的羊粪贮存、堆放设施设备和场所，存放地点有防雨、防渗漏、防溢流措施		2		
	20	水质检测应符合人畜饮水卫生标准		1		
	21	应具有县级以上环保行政主管部门的环评验收报告或许可		1		
无害化处理10分	22	应有粪污无害化处理制度，场区内应有与生产规模相匹配的粪污处理设施设备，宜采用堆肥发酵方式对粪污进行无害化处理，处理结果应符合 NY/T1168 要求		2		
	23	应有病死羊及流产物无害化处理制度，无害化处理措施见《病死及病害动物无害化处理技术规范》		2		
	24	病死羊无害化处理设施或措施应运转有效并符合生物安全要求		2		
	25	有病死羊隔离、淘汰、诊疗、无害化处理等相关记录		2		
	26	应按《布鲁氏菌病防治技术规范》等规定处置监测到的阳性动物并进行记录		2		
消毒管理11分	27	场区入口应设置车辆消毒池、覆盖全车的消毒设施以及人员消毒设施		1		
	28	有车辆及人员出入场区消毒及管理制度和岗位操作规程，并对车辆及人员出入和消毒情况进行记录		2		

续表

类别	编号	具体内容及评分标准	关键项	分值	得分	合计
消毒管理11分	29	生产区入口应设置人员消毒、更衣设施，消毒、淋浴、更衣室布局科学合理		2		
	30	有本场职工、外来人员进入生产区消毒及管理制度，有出入登记制度，对人员出入和消毒情况进行记录		2		
	31	每栋羊舍（棚圈）应设置消毒器材或设施，人员进入羊舍前应执行良好		1		
	32	栋舍、生产区内部有定期消毒措施，有消毒制度和岗位操作规程，对栋舍、生产区内部消毒情况进行记录		2		
	33	应有消毒液配制和管理制度，有消毒液配制及更换记录		1		
生产管理8分	34	应制定投入品（含饲料、兽药、生物制品）使用管理制度，应有投入品使用记录		2		
	35	应有饲料库		1		
	36	应有生长记录、发病治疗淘汰记录、日饲料消耗记录和饲料添加剂使用记录		2		
	37	应有健康巡查制度及记录		3		
防疫管理10分	38	应建立适合本场的卫生防疫制度和针对特定动物疫病、符合本场实际的突发传染病应急预案		1		
	39	应有配套的兽医室，兽医室具备正常开展临床诊疗、采样、高压灭菌、消毒等设施		2		
	40	应有兽医诊疗与用药记录		1		
	41	应有预防、治疗羊常见病的规程或方案		2		
	42	病死动物剖检场所应符合生物安全要求，有完整的病死动物剖检记录及剖检场所消毒记录		1		
	43	应对流产羊进行隔离并开展布鲁氏菌病检测		2		
	44	应有免疫制度、计划、程序和记录		1		
调入管理10分	45	如需调入商品代肉羊，应来自相同净化病种的国家级/省级动物疫病净化场	*	2		
	46	应有调入、隔离管理制度和调入、隔离观察记录		1		
	47	国内调入种羊或精液应来源于有《种畜禽生产经营许可证》的种羊场；国外调入种羊或精液应有国务院农业农村或牧兽医行政主管部门签发的审批意见及海关相关部门出具的检测报告		2		

续表

类别	编号	具体内容及评分标准	关键项	分值	得分	合计
调入管理10分	48	调入种羊应具有动物检疫合格证和种畜禽合格证		1		
	49	留用种羊/精液应有羊口蹄疫、小反刍兽疫、布鲁氏菌病病原或感染抗体检测报告且结果为阴性	*	2		
	50	有近2年完整的商品羊/淘汰种羊销售记录		1		
	51	本场销售商品羊应有羊口蹄疫、小反刍兽疫、布鲁氏菌病抽检记录，并附具《动物检疫合格证明》		1		
监测净化14分	52	应有符合本场实际且科学合理的口蹄疫、布鲁氏菌病等年度（或更短周期）监测净化方案、监测报告和记录		4		
	53	应根据监测净化方案开展疫病净化，检测、淘汰记录能追溯到羊群的唯一性标识（如耳标号）	*	3		
	54	有2年以上的净化工作实施记录，记录保存2年以上	*	3		
	55	应有定期净化效果评估和分析报告（生产性能、发病率、病死率、阳性率、用药投入、提高的直接经济效益等）		2		
	56	实际检测数量与应检测数量基本一致，检测试剂购置数量或委托检测凭证与检测量相符		2		
场群健康6分	应具有近一年内有资质的兽医实验室检验检测报告（每次抽检数不少于30只）并且结果符合：					
	57	布鲁氏菌病净化场：符合净化标准；其他病种净化场：布鲁氏菌病阳性检出率≤0.5%，近两年内无布鲁氏菌病临床病例	*	1/5#		
	58	口蹄疫净化场：符合净化标准；其他病种净化场：口蹄疫免疫抗体合格率≥80%，近两年内无口蹄疫临床病例	*	1/5#		
总分				100		

注：# 申报评估的病种该项分值为5分，其余病种为1分。

附录 19

牛羊布鲁氏菌病无疫小区和无疫区及牛结核病无疫小区评估工作实施方案

按照《农业农村部办公厅关于推进牛羊布病等动物疫病无疫小区和无疫区建设与评估工作的通知》要求，确保规范做好牛羊布鲁氏菌病（以下简称“布病”）无疫小区（生物安全隔离区）和无疫区及牛结核病无疫小区评估工作，依据有关规定和标准，结合各地实际情况，制定本方案。

一、评估依据

依据《无规定动物疫病小区评估管理办法》《无规定动物疫病区评估管理办法》，按照《无规定动物疫病小区管理技术规范》《无规定动物疫病区管理技术规范》《免疫无布鲁氏菌病小区标准》《无布鲁氏菌病区标准》《无牛结核病小区标准》，对照现场评审表，开展评估。

二、无疫小区评估

（一）省级农业农村/畜牧兽医主管部门根据无疫小区评估申请，在监测结果符合无疫小区标准，且省级抽检结果均为阴性后，及时组织省级评估专家组开展书面评审和现场评审。现场评审通过的，向农业农村部申请国家评估。

（二）全国动物卫生风险评估专家委员会办公室（以下简称“委员会办公室”）组织国家评估专家组，开展书面评审和现场评审。现场评审通过的，报委员会审议。

（三）评估专家组按照相关标准和技术规范进行全面审重点核查企业生物安

全体系和追溯体系运行情况，特别是流产报告与检测、引种动物及标识管理、饲草料管理、病死畜及流产物的无害化处理等环节生物安全措施落实情况，以及畜牧兽医部门对相关病种的监测、检疫和日常监管情况。

三、无疫区评估

（一）省级农业农村/畜牧兽医主管部门在组织完成无疫区建设内容并通过自评估后，向农业农村部申请国家评估。

（二）委员会办公室组织评估专家组，开展书面评审和现场评审。现场评审通过的，报委员会审议。

（三）评估专家组按照相关标准和技术规范进行全面审核，重点核查养殖场户、活畜交易市场、隔离场、指定通道、屠宰场、无害化处理厂等场点的相关疫病防控情况、生物安全体系和追溯体系运行情况，特别是相关疫病监测与报告、引进活畜管理、病死畜无害化处理等环节工作情况，以及各级畜牧兽医部门实验室运行、预防与监测、检疫监管、应急管理等工作情况。

四、技术指引

（一）按照种畜禁止免疫、奶畜原则上不免疫的政策要求，有条件的企业或区域，在把握小区内或区域内布病状况和所处控制进程、评估外部布病传入风险、严格管控外引牛/羊的基础上，科学合理地确定非免疫无疫小区或无疫区（适用于布病防治一、二、三类地区），以及免疫无疫小区或无疫区（适用于布病防治一类地区）建设目标。无疫区建设可逐县推进。

（二）有条件的种牛和奶牛养殖企业，在把握小区内牛结核分枝杆菌复合群感染状况、评估外部传入风险、严格管控外引牛的基础上，可以单独开展无牛结核病小区建设，也可以与无布鲁氏菌病小区建设同时推进。

为便于布病无疫小区和牛结核病无疫小区建设企业以及各级畜牧兽医部门制定相关疫病无疫小区和无疫区监测方案，委员会办公室制订了相应的监测要点，并提供抽样软件（见附件 1-4）。

附件：1. 无布鲁氏菌病小区监测要点

2. 无牛结核病小区监测要点

3. 无布鲁氏菌病区监测要点

4. 不同抽样方法所需抽样量计算示例

(附件 1)

无布鲁氏菌病小区监测要点

一、监测目的

证明申报无布鲁氏菌病小区（布病无疫小区）内的牛/羊无布鲁氏菌感染。

二、监测依据

《无规定动物疫病小区管理技术规范—无布鲁氏菌病小区标准》《免疫无布鲁氏菌病小区标准》（农办牧〔2021〕32 号)《无规定动物疫病小区管理技术规范—规定动物疫病监测准则》。

三、监测对象

成年（性成熟）牛/羊，非免疫无布病小区的去势公畜、切除卵巢的母畜除外。

四、监测范围

无疫小区内的养殖场、屠宰场，以及缓冲区内相关场所。

五、监测要求

除符合《无规定动物疫病小区管理技术规范—规定动物疫病监测准则》规定的监测要求外，还应符合以下要点。

（一）对所有引入无疫小区的牛/羊进行检测。

（二）企业对所有出现流产、死胎的牛/羊均应记录，并及时采样送官方实验室或官方指定实验室进行检测。

（三）申请评估前的 12 个月内对无疫小区开展 2 次监测。企业开展的第 1 次监测结果为阴性，且官方日常监测和检疫均未发现布鲁氏菌感染或病例后，官方实验室或官方指定实验室开展第 2 次监测。承担企业检测的实验室检测条件和能力须得到官方兽医机构的认定。

每次监测的采样工作应在 1 个月内完成。在养殖场，对所有成年牛/羊采样。无疫小区配套屠宰场的，采用系统随机方式抽检成年牛/羊 30 头/只，不足 30 头/只的全采。

（四）设有缓冲区的，申请评估前 12 个月内由官方实验室或官方指定实验室对缓冲区开展 2 次监测。按照 2%的个体预定流行率、95%的置信度、90%的试验敏感性确定抽样数量。抽样覆盖养殖、交易、隔离、屠宰、无害化处理等环节，优先选择高风险动物（发生过流产、死胎的牛/羊和新引进牛/羊等），数量不够时再按随机抽样原则补足样品。

六、省级评估抽检

省级评估时，按照 2%的个体预定流行率、95%的置信度、90%的试验敏感性确定抽样数量。抽样覆盖小区内养殖、屠宰（采集脾脏）等生产单元，优先选择高风险动物，数量不够时再按随机抽样原则补足样品。

七、检测方法与结果判定

根据《布鲁氏菌病防治技术规范》进行检测和结果判定。

(附件 2)

无牛结核病小区监测要点

一、监测目的

证明申报无牛结核病小区内的牛无结核分枝杆菌复合群感染。

二、监测依据

《无牛结核病小区标准》(农办牧〔2021〕32 号)《无规定动物疫病小区管理技术规范一规定动物疫病监测准则》。

三、监测对象

6 周龄以上的牛。

四、监测范围

无疫小区内的养殖场、屠宰场,以及缓冲区内相关场所。

五、监测要求

除符合《无规定动物疫病小区管理技术规范一规定动物疫病监测准则》规定的监测要求外,还应符合以下要点。

(一)对所有引入无疫小区的牛进行结核分枝杆菌复合群检测。

(二)企业对发现疑似牛结核病症状的牛,或者官方兽医在宰前和宰后检疫中发现疑似结核病变的牛均应记录和报告,并及时采样送官方实验室或官方指定实验室检测。

（三）申请评估前12个月内对无疫小区开展2次监测。企业开展的第1次监测结果为阴性，且官方日常监测和检疫均未发现牛结核分枝杆菌复合群感染或病例后，官方实验室或官方指定实验室开展第2次监测。承担企业检测的实验室的检测条件和能力须得到官方兽医机构的认定。

每次采样工作应在1个月内完成。在养殖场，对所有6周龄以上牛进行检测。小区内配套屠宰场的，采用系统随机方式抽检6周龄以上牛30头，不足30头的全检。

（四）设有缓冲区的，申请评估前12个月内由官方实验室或官方指定实验室对缓冲区开展2次监测。按照2%的个体预定流行率、95%的置信度、90%的试验敏感性确定抽样数量。抽样覆盖养殖、交易、隔离、屠宰、无害化处理等环节，优先选择高风险动物（新引进牛和4岁以上牛等），数量不够时再按随机抽样原则补足样品。

六、省级评估抽检

省级评估时，按照2%的个体预定流行率、95%的置信度、90%的试验敏感性确定抽样数量。抽样覆盖小区内养殖、屠宰（采集牛肺门淋巴结）等生产单元，优先选择高风险动物，数量不够时再按随机抽样原则补足样品。

七、检测方法与结果判定

根据《牛结核病防治技术规范》进行检测和结果判定。

（附件 3）

无布鲁氏菌病区监测要点

一、监测目的

证明申报牛无布鲁氏菌病区、羊无布鲁氏菌病区或牛羊无布鲁氏菌病区的相关易感动物无布鲁氏菌感染。

二、监测依据

《无布鲁氏菌病区标准》（农办牧〔2021〕32 号）《无规定动物疫病区管理技术规范—规定动物疫病监测准则》。

三、监测对象

牛无布鲁氏菌病区监测对象：无疫区和保护区的牛，以及与牛处于同一流行病学单元内的成年（性成熟）羊。

羊无布鲁氏菌病区监测对象：无疫区和保护区的羊，以及与羊处于同一流行病学单元内的成年（性成熟）牛。

牛羊无布鲁氏菌病区监测对象：无疫区和保护区的成年（性成熟）牛羊。

所有监测对象需背景清楚，包括易感动物年龄、免疫状况（疫苗名称、免疫时间、免疫剂量和接种途径）等信息。

四、监测范围

无疫区及保护区内的养殖场，以及活畜交易、流通、隔离、屠宰、无害化处理等相关环节。

五、监测要求

除符合《无规定动物疫病区管理技术规范—规定动物疫病监测准则》规定的监测要求外，还应符合以下要点。

（一）对所有引入无疫区继续饲养或屠宰的牛/羊进行检测。

（二）养殖场户对所有出现流产、死胎的牛/羊均应记录，并及时采样送官方实验室或官方指定实验室进行检测。

（三）官方实验室或官方指定实验室须连续 3 年开展监测：

1. 第 1 年，对无疫区内所有养殖场户（含自然村）的所有成年牛/羊进行 1 次监测；对活畜交易市场、屠宰场和无害化处理厂开展至少 2 次随机抽样监测，每次抽检 30 头/只，不足 30 头/只的全采。无疫区外设置保护区的，对养殖、交易、隔离、屠宰、无害化处理等环节开展 1 次抽样监测。每个环节按照 2%的预定流行率、95%的置信度、90%的试验敏感性确定抽样数量。抽样时，优先选择高风险动物（发生过流产、死胎的牛/羊及其同群畜和新引进的牛/羊）和种畜，数量不够时再按随机抽样原则补足样品。

第 1 年监测以及日常监测和检疫均未发现布鲁氏菌感染后，后续 2 年按以下方式抽样监测。

第 2 年和第 3 年，对无疫区内所有养殖场户（含自然村）的成年牛/羊开展 1 次抽样监测。按照 2%的预定流行率、95%的置信度、90%的试验敏感性确定抽样数量。抽样时，优先选择高风险动物（发生过流产、死胎的牛/羊及其同群畜和新引进牛/羊等），数量不够再按随机抽样原则补足样品。对活畜交易市场、屠宰场和无害化处理厂开展 2 次抽样监测，每次抽检 30 头/只，不足 30 头/只的全采无疫区外设置保护区的，对养殖、交易、隔离、屠宰、无害化处理等环节开展 1 次监测。每个环节按照 2%的预定流行率、95%的置信度、90%的试验敏感性确定抽样数量。抽样时，优先选择高风险养殖场户及高风险动物（发生过流产、死胎的牛/羊及其同群畜和新引进牛/羊等），数量不够时再按随机抽样原则补足样品。

（四）以省级部分区域为单位建设无疫区的，省级农业农村/畜牧兽医主管部门在申请国家评估前，可开展1次基于风险的两阶段抽样监测，并按照相关方法确定牛/羊养殖场户和个体的数量。抽样时，优先选择高风险场户，不足部分在种畜、奶畜等其他场户中随机抽样；优先选择场户内高风险动物，不足部分在其他成年牛/羊中随机抽样。奶畜场可抽检大缸奶。其中，高风险场户包括活畜交易市场、隔离场、屠宰场、无害化处理厂、周边存在易感野生动物的养殖场户，以及有流产病史或新引进牛/羊的场户等。

六、检测方法与结果判定

根据《布鲁氏菌病防治技术规范》进行检测和结果判定。

(附件 4)

不同抽样方法所需抽样量计算示例

一、代表性抽样监测抽样量计算

表 1　代表性抽样监测所需抽样数量示例

群体大小	群间或群内预定流行率/%						
	0.1	0.2	0.5	1	2	3	10
~100	100	100	100	100	86	70	28
~500	500	500	388	250	143	100	31
~1 000	1 000	863	500	287	154	105	32
~2 000	1 725	1 171	575	308	159	107	32
~5 000	2 504	1 437	627	322	163	109	32
~10 000	2 876	1 545	645	327	164	109	32
10 001~	3 318	1 661	664	332	165	110	32

注：置信水平为 95%、试验敏感性为 90%。

二、基于风险的抽样监测抽样量计算

根据特定动物疫病流行病学特点及本地动物养殖结构，确定区域内高风险群或群内高风险动物的占比、样本中高风险群或高风险动物的占比，计算抽样量。示例如下。

表 2　基于风险抽样所需高风险群数量示例

场群数	500	500	1 000	1 000
高风险群占比	50%	30%	50%	10%
高风险群抽样量	68	55	71	43

注：条件为高风险群与低风险群的相对风险设为 3，群体预定流行率设为 3%，样本中高风险群占比为 100%，计算所需群数量。

表 3　基于风险抽样所需高风险动物数量示例

易感畜存栏量	5 000	2 000	2 000
高风险动物占比	50%	90%	60%
高风险动物抽样量	109	149	118

注：条件为高风险动物与低风险动物的相对风险设为 3，个体预定流行率设为 2%，样本中高风险动物占比为 100%，计算所需动物数量。

采用上述抽样方法计算抽样量时，均可使用抽样工具软件一 Excel 计算器计算，该计算器由中国动物卫生与流行病学中心提供（下载网址 https://www.cahec.en/wordsList/l35.html）。